テントウムシ
ハンドブック

The Handbook of Ladybirds

阪本優介 著

文一総合出版

テントウムシとは？

　テントウムシは、コウチュウ目ヒラタムシ上科テントウムシ科（Coccinelidae）に分類される昆虫の総称で、世界では約6,000種が知られ、日本では約180種が確認されています。いまだに生態がよくわかっていない種が多く、半数以上は5mm以下の小さなテントウムシです。赤や黄色といった派手な色彩をもつものが多く、「春の訪れを告げる虫」と言われることもあります。

　漢字では「天道虫」と書き、太陽に向かって飛んでいくことから、「太陽神の天道」が由来とされ、縁起のいい虫とされます。英語では「Ladybirds」と呼ばれ、聖母マリアの鳥を意味します。様々な由来や言い伝えなどから、世界各国で「幸せを運ぶ虫」として親しまれているテントウムシですが、農作物の害虫として嫌われている面もあります。

他国から侵入してきた移入種として注目される種もいれば、生物的防除のため人為的に導入されたテントウムシもいます。

　テントウムシ科の特徴はいくつかありますが、触角は短く先端が棍棒状であることは、特に触角の長いハムシ科と対比され、ほかの甲虫と見分けるポイントの1つです。また、腹部第1節にある腿節線と呼ばれる弧状の顕著な隆起線は、テントウムシ科のみに現れる形質で、科の指標となるだけでなく、種の分類にも使われる特徴です。

　テントウムシ科の♂交尾器は、ほかの甲虫と大きく異なる特有な形状で、分類の指標となるだけでなく、種レベルの変化が大きいため、必ずといってよいほど新種の記載には♂交尾器の図が必要になります。

イチイガシの樹皮下で越冬するクロヘリメツブテントウ

ケヤキの樹皮下に集まるムツボシテントウ

♂交尾器

♂交尾器は、サイフォと呼ばれる釣針状の陰茎と、それを包み込む包片からなる

包片

中央支柱 / 基片 / 中央片 / 側片（1対）

包片はサイフォを抱き込む基片、そこから背方に伸びる中央片、側方へ伸びる側片、中央片の腹方に伸びる中央支柱からなり、分類には中央片と側片の長さ、形状が多く使われる

サイフォ（sipho）

内突起 / 外突起 / 内方骨片 / 先端

サイフォの基部はハンマー状。先端部は複雑な構造に分化し、種によって安定していることが多く、分類に使われる重要な形質

※♂交尾器は、新鮮な個体では腹部先端からピンセットで抜き出すこともできるが、腹部全体に位置することがあるので、腹部全体をはずして抜き出し、水酸化カリウムで処理することが望ましい。特にサイフォでは極めて細い突起を伴う場合があり、またサイフォ自体も細いことがあるため、解剖の際には細心の注意を払う必要がある。

テントウムシの食性

テントウムシの食性は、大きく肉食性・菌食性・草食性に分けられます。肉食性のテントウムシは、アブラムシ類やカイガラムシ類、キジラミ類を含む半翅目や、鱗翅目・甲虫目の幼虫、ダニ類などを捕食することが知られています。餌がない場合は、同じテントウムシ科の幼虫や蛹などを食べてしまいます。菌食性のキイロテントウは主にうどんこ病菌を食べることが知られ、草食性のニジュウヤホシテントウは、ジャガイモやナスなどの葉を食べます。

蛾の幼虫を食べるカメノコテントウ

アブラムシ類を食べる
クリサキテントウ

うどん粉病菌を食べるキイロテントウ

イセリアカイガラムシを食べる
ベダリアテントウ

ウリ科の植物を食べる
オオニジュウヤホシテントウ

テントウムシの生活史

　日本で見られるテントウムシは、ほとんどが年に2化以上し、成虫で越冬するものが多く、夏季に休眠するものも知られています。このような生活史は、餌となる生物の発生にも大きく関係し、肉食性のテントウムシでは、餌となるアブラムシ類やカイガラムシ類が発生する春と秋に繁殖するよう適応していると言われています。もちろん気温や日長も関係し、冬季でも暖かい日は活動するテントウムシが見られます。

　例えばナミテントウは、4～5月ごろに越冬明けの個体が活動を再開し、交尾・産卵し、6月ごろには成虫になります。この成虫は高温の期間である夏は休眠(越夏)し、9月ごろから再び活動し、交尾・産卵を経て、新成虫が10～11月にかけて誕生します。冬季はそのまま成虫で越冬します。

　基本的にテントウムシは昼行性ですが、メツブテントウ族では夜間に活動する種も知られています。

ナミテントウの生活史

- 交尾
- 産卵(歳清勝晴)
- 1齢幼虫(歳清勝晴)
- 3齢幼虫(歳清勝晴)
- 終齢幼虫と蛹(手前)(歳清勝晴)
- 蛹化中の幼虫(手前)と蛹(歳清勝晴)
- 集団越冬(野中俊文)

見つけ方の**ポイント**

　テントウムシを見つけるには、まず「餌の有無」が重要です。「去年はこの木にたくさんいたのに、今年はいないなぁ」なんてことがよくあります。

　マツに依存するアブラムシ類やカイガラムシ類を捕食するテントウムシはマツで見られ、アザミの葉を食べるテントウムシはアザミの葉上で見られます。まずはテントウムシの生態をよく知ることが、見つけ方のポイントの1つとなります。

　テントウムシが活動をはじめる春は、様々な場所で観察することができます。ヤナギやクルミの木を見てまわると、大きなカメノコテントウが見られるかもしれません。石がごろごろした河川敷の水際では、ナナホシテントウそっくりのアイヌテントウがいるかもしれません。4〜5月ごろは、タマカタカイガラムシがびっしりついたウメの木を見つ

河川敷にいたアイヌテントウ

河川敷ではアイヌテントウやババヒメテントウ、セスジヒメテントウ、ジュウサンホシテントウ、マクガタテントウなど多数のテントウが見られる

ワラジカイガラムシの1種を捕食するベニヘリテントウの幼虫（青井光太郎）

葉の上でじっとするヤホシテントウ

ギンネムにいたハイイロテントウ

けたら、アカホシテントウがいるかもしれません。

　夏の暑い日は、葉の裏などで涼んでいるテントウムシが見つかります。涼しくなってきた秋にも、テントウムシは活発に動きます。いろいろな場所で見かけるナミテントウは斑紋の変異が多く、激レアな横帯型や縁黒型はめったに見られません。普通種のナミテントウですが、変わった斑紋を見つける楽しみがあります。

ナミテントウがライトトラップに飛来した

　多くのテントウムシは成虫で越冬します。樹皮の裏や葉裏、石の下や植物の根元など、寒い時期もテントウムシを探す楽しみがあります。とくにケヤキの樹皮下は、ヨツモンヒメテントウやヨツボシテントウ、ムツボシテントウ、ウスキホシテントウなどが越冬しています。樹皮をはがしすぎないように、節度ある観察を心がけましょう。

11月下旬でも暖かい日は活動するナナホシテントウ

ケヤキの樹皮下で集団越冬する
ヨツモンヒメテントウ

針葉樹をスイープしてルイステントウを狙う
筆者

7

凡例

本書では、日本で見られる約180種のテントウムシのうち、115種を掲載しました。

① 亜科名と族名：本書での分類体系はBouchard et al., 2011を基本に、いくつかの種においては最新の知見も取り入れた。移入種と思われる種には「移」マークを示した。

② 和名と学名：『テントウムシの調べ方』（文教出版）の日本産テントウムシ目録に準じたが、一部は最新の知見を取り入れた。また、記載者と記載年もすべて表記した。

③ 分布：国内分布を北海道・本州・四国・九州・対馬・南西諸島・小笠原諸島に分けて、分布が島に限定される種などは島の名前まで表記した。

④ 大きさと実物大写真：昆虫の大きさは、頭部の先端から上翅の末端までの長さで示されることが基本だが、テントウムシの頭部は前胸背板に収納される構造をもつためか、筆者が参考にした図鑑では、ほとんど頭部が収納された状態の標本が図示されており、その状態での計測値が表記されたと思われる。テントウムシは頭部の色彩や形状などの特徴が、種の同定や雌雄の判別に有用であることがあり、筆者は頭部を出した標本を心がけている。したがって、本書で表記した大きさと実寸大写真は、前胸背板前縁から上翅端までの長さを基準としており、頭部は入れてない。

⑤ 写真：深度合成による標本写真に識別ポイントを明記し、実物大写真を配置して利便性を高めた。（ ）内は撮影者名。表記のない写真はすべて筆者撮影。

幼虫について

ワックス質の分泌物をまとうコクロヒメテントウの幼虫（歳清勝晴）

テントウムシ科の幼虫は、同じ科の幼虫とは思えないほど様々な姿をしている。ハムシ科のように6本の脚があるイモムシ形や、鋭い分岐突起を複数もつタワシのような形、全体がワックス質の綿状分泌物でおおわれたもの、背面が少しふくらんだワラジ形のものなど多様だ。本書では、可能な限り幼虫の写真も掲載した。

部位の名前

斑紋の配列式

上翅斑紋の配列式が「½-2-1」の場合。片側の紋を前方から示し、会合線で両方にまたがるものは½と数える。

前胸腹板の形

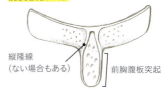

縦隆線（ない場合もある）　前胸腹板突起

突起の形状は、特にヒメテントウ族など小型のテントウムシで分類上重要

腿節線の形

完全（クロヘリヒメテントウ）

不完全（クビアカヒメテントウ）

日本産テントウムシの族の検索表

背面被毛なし

背面被毛あり

頭楯が複眼の前方で広がる
クチビルテントウ族(p.12)
Chilocorini

頭楯は広がらない

小顎髭末端節

長卵形

円錐形

小顎髭末端節

斧形

円筒形
先端は断裁状

長い円筒形
先端は断裁状
ダエンメツブテントウ族(p.15)
Plotinini

触角末端節は
ナイフ形
ツヤテントウ族(p.12)
Serangiini

触角末端節は
細長い円筒形
メツブテントウ族(p.17)
Sticholotidini
※一部上翅に被毛あり

3.5mm以下
触角が眼間幅より短い
ツヤヒメテントウ族(p.15)
Hyperaspidini

通常3.5mm以上
触角が眼間幅より長い
テントウムシ族(p.12)
Coccinellini

頭楯が複眼の前方で広がる

 頭楯は広がらない

小顎髭末端節は細長

メダマテントウ族
Shirozuellini
本書未掲載

小顎髭末端節は太短

 腹節は5節
チビクチビルテントウ族 (p.17)
Telsimiini

 まっすぐ
腹節は6節 第1節後縁はまっすぐ
ヨツボシテントウ族 (p.15)
Platynaspidini

 弧状
腹節は6節 第1節後縁は弧状
マルヒメテントウ族 (p.12)
Aspidimerini
脚はくぼみに収納される

小顎髭末端節は長い円錐形
チビテントウ族
Sukunahikonini
体長は約1mm
本書未掲載

小顎髭末端節

斧形　　　円筒形 先端は断裁状

 大顎は2歯または単歯

大顎は多歯状
マダラテントウ族 (p.14)
Epilachnini
触角は複眼の内側から出る

脛節は平たく、幅広い　　　脛節は細い

触角は頭幅より短い

3.5mm以下の小型種

触角は8節
1色または2色
ベダリアテントウ族 (p.15)
Noviini

触角は11節
黄・赤・黒色の3色
アミダテントウ族 (p.15)
Ortaliini

触角は頭幅に近い
アラメテントウ族 (p.12)
Coccidulini

前胸腹板前縁は弧状に突出し、前胸腹板突起はかまぼこ状
ダニヒメテントウ族 (p.17)
Stethorini
2.0mm以下

前胸腹板前縁は弧状に突出しない 前胸腹板突起は平坦
ヒメテントウ族 (p.16)
Scymnini

実物大テントウムシ一覧

ツヤテントウ族

クロツヤテントウ
p.18

ズグロツヤテントウ
p.18

マルヒメテントウ族

フタモンクロテントウ
p.19

クチビルテントウ族

ミスジキイロ
テントウ
p.20

アマミアカホシ
テントウ
p.20

ヒメアカホシ
テントウ
p.21

チュウジョウ
テントウ
p.21

アカホシテントウ
p.22

イセテントウ
p.22

ミカドテントウ
p.22

アラメテントウ族

ハラアカクロテントウ
p.23

ムネハラアカクロテントウ
p.23

テントウムシ族

フタモンテントウ
p.24

ルイステントウ
p.24

カメノコテントウ
p.25

ウンモンテントウ
p.25

ジュウクホシ
テントウ
p.26

ハラグロオオテントウ
p.26

シロトホシ
テントウ
p.27

ムーアシロホシ
テントウ
p.27

| テントウムシ族 続き |

アマミシロホシ
テントウ
p.28

シロジュウシホシ
テントウ
p.28

シロジュウゴホシ
テントウ
p.29

ダンダラテントウ
p.30

アイヌテントウ
p.31

ココノホシテントウ
p.31

ダイモンテントウ
p.32

ナナホシテントウ
p.33

マクガタテントウ
p.34

ジュウシホシテントウ
p.34

オオフタホシ
テントウ
p.35

カタボシテントウ
p.35

カリプソテントウ
p.36

シロジュウロクホシ
テントウ
p.36

ナミテントウ
p.38

オオジュウゴホシ
テントウ
p.40

ヤホシテントウ
p.40

クリサキテントウ
p.41

ジュウサンホシ
テントウ
p.42

キイロテントウ
p.42

チャイロテントウ
p.43

クロスジチャイロ
テントウ
p.43

ムモンチャイロ
テントウ
p.44

ムナグロチャイロ
テントウ
p.44

カサイテントウ
p.45

ジュウロクホシ
テントウ
p.45

テントウムシ族 続き

ウスキホシテントウ
p.46

ムツキボシテントウ
p.46

ハイイロテントウ
p.47

マエフタホシテントウ
p.47

ヒメカメノコテントウ
p.48

コカメノコテントウ
p.49

クモガタテントウ
p.49

ムネアカオオクロ
テントウ
p.50

オオテントウ
p.50

シロホシテントウ
p.51

アラキシロホシ
テントウ
p.51

―― マダラテントウ族 ――

トホシテントウ
p.52

ツシマミダラテントウ
p.52

インゲンテントウ
p.53

ジュウニマダラ
テントウ
p.53

ヤマトアザミ
テントウ
p.54

ミナミマダラ
テントウ
p.55

エゾアザミ
テントウ
p.56

オオニジュウヤホシ
テントウ
p.57

ニジュウヤホシ
テントウ
p.57

ルイヨウマダラ
テントウ
p.58

ツヤヒメテントウ族

ツマフタホシテントウ
p.59

ギョウトクテントウ
p.59

フタホシテントウ
p.59

ベダリアテントウ族

ベダリアテントウ
p.61

アカイロテントウ
p.61

ベニヘリテントウ
p.61

ダイダイテントウ
p.62

アカヘリテントウ
p.62

シュイロテントウ
p.62

アミダテントウ族

アミダテントウ
p.63

ヨツボシテントウ族

ヨツボシテントウ
p.64

モンクチビルテントウ
p.64

ダエンメツブテントウ族

クロジュウニホシテントウ
p.65

ヒメテントウ族

フタスジ ヒメテントウ p.66	キュウシュウフタスジ ヒメテントウ p.66	オキナワフタスジ ヒメテントウ p.67	オシマ ヒメテントウ p.67
シコクフタホシ ヒメテントウ p.68	アトホシ ヒメテントウ p.68	リュウグウ ヒメテントウ p.69	リュウキュウナガ ヒメテントウ p.69
ヨツモン ヒメテントウ p.70	セスジ ヒメテントウ p.70	ニセセスジ ヒメテントウ p.71	ハレヤ ヒメテントウ p.71
オオツカ ヒメテントウ p.72	クビアカ ヒメテントウ p.72	ババ ヒメテントウ p.73	クロヘリ ヒメテントウ p.73
オト ヒメテントウ p.74	オニ ヒメテントウ p.74	カグヤ ヒメテントウ p.75	カワムラ ヒメテントウ p.75
タイラ ヒメテントウ p.76	コクロ ヒメテントウ p.76	アラキ ヒメテントウ p.77	クロスジ ヒメテントウ p.77
トビイロ ヒメテントウ p.78	ツシマクロ ヒメテントウ p.79		

ダニヒメテントウ族

ハダニクロヒメ
テントウ
p.80

メツブテントウ族

ケブカメツブ
テントウ
p.81

クロヘリメツブ
テントウ
p.81

モリモトメツブテントウ
p.82

ムツボシテントウ
p.82

メツブテントウ
p.82

チビクチビルテントウ族

ナガサキクロテントウ
p.83

クロテントウ
p.83

シセンクロテントウ
p.84

ツユクサの葉上を歩く
ギョウトクテントウ
（佐々木茂美）

ツヤテントウムシ亜科ツヤテントウ族
クロツヤテントウ *Serangium japonicum* Chapin, 1940

前胸背板に黄白色の毛が生える

各脚は黄褐色

大きさ 1.5〜2.0mm
分布 北海道・本州・四国・九州・対馬・トカラ列島

上翅には微細な点刻がある。前胸背板には黄白色の長毛がまばらに生える。各脚は黄褐色で頭部も黄褐色〜赤褐色。コナジラミ類を捕食することが知られている。琉球列島にはよく似た近縁種がいる。

ツヤテントウムシ亜科ツヤテントウ族
ズグロツヤテントウ *Serangium punctum* Miyatake, 1963

頭部は黒色

上翅の点刻はクロツヤテントウより強い

大きさ 1.8〜2.2mm
分布 北海道・本州・四国・九州

頭部は黒色。上翅の点刻はクロツヤテントウに比べて強い。山地性の種でやや少ない。この仲間にはよく似た近縁種がいるので、区別には注意を要する。

テントウムシ亜科マルヒメテントウ族

フタモンクロテントウ *Cryptogonus orbiculus* (Gyllenhal, 1808)

1 ツヤテントウ族

2 マルヒメテントウ族

- ♂の頭部は黄色
- 全体が短い毛でおおわれる
- 斑紋の大きさには変異がある

達しない
フタモンクロテントウの前胸腹板隆起線（福田悠人）

達する
ヒメフタモンクロテントウの前胸腹板隆起線（福田悠人）

大きさ 2.0〜2.8mm

分布 本州・四国・九州・対馬・南西諸島

♂の頭部は黄色で、♀は黒色。全体に短い毛でおおわれ、上翅中央後方に黄〜橙褐色の斑紋が1対ある。斑紋の大きさには変異がある。前胸腹板隆起線は前縁に達しない。前胸腹板隆起線が前縁に達するヒメフタモンクロテントウ（屋久島以南に分布）という近縁種がいる。

COLUMN

必須アイテム！ピンセット

　ピンセットは、さまざまな用途によって使い分けます。体長1〜2mmの極小テントウムシを解剖する場合は、先端が非常に鋭いピンセットを用います。愛用するDumont社製INOXは高価ですが（4,000円程度）、使ってみるとその良さがわかります。体長5mm以上のテントウムシの場合、先端が細すぎると交尾器を傷つけてしまう恐れがあるので、細すぎず太すぎない、幸和ピンセット工業（KFL）の3cというピンセット（2,500円程度）を使っています。採集したテントウムシを整理するときは、弱い力で昆虫をつかんでくれる志賀昆虫のバネ製ピンセット（300円程度）がおすすめ。とくに幼虫など、やわらかいものをつかむのに適したピンセットです。

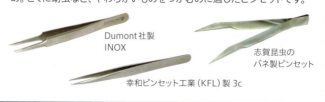

Dumont社製INOX
幸和ピンセット工業（KFL）製3c
志賀昆虫のバネ製ピンセット

移 テントウムシ亜科クチビルテントウ族

ミスジキイロテントウ *Brumoides ohtai* Miyatake, 1970

♂の頭部は黄褐色

3本の黒条

大きさ 2.7〜3.5mm

分布 本州・四国・南西諸島（沖縄島）

縦長の体形。♂の頭部は黄褐色で、♀では黒色。台湾に分布する種で、1985年に沖縄で発生し、1986年には大阪市で発生した移入種。

テントウムシ亜科クチビルテントウ族

アマミアカホシテントウ *Chilocorus amamensis* H. Kamiya, 1959

赤紋はヒメアカホシテントウより大きい

イシガキアカホシテントウの成虫と蛹（小林信之）

大きさ 2.6〜3.7mm

分布 南西諸島（奄美大島・徳之島・沖永良部島・沖縄島）

ヒメアカホシテントウより小さく、赤紋は大きい。トカラ列島にはタカラアカホシテントウ（*C. takara*）、宮古島・石垣島・西表島にはイシガキアカホシテントウ（*C. ishigakensis*）、九州南端部にはエサキアカホシテントウ（*C. esakii*）がいる。

テントウムシ亜科クチビルテントウ族
ヒメアカホシテントウ *Chilocorus kuwanae* Silvestri, 1909

幼虫は褐色～紫褐色で、棘状突起におおわれる

蛹。終齢幼虫の皮をまとったまま蛹化する

上翅の中央付近に小さい赤い円紋

成虫

大きさ 3.3～5.0mm

分布 北海道・本州・四国・九州・対馬

上翅中央付近に小さい赤い円紋が1対ある。円紋の大きさには変異がある。各種のカイガラムシ類を捕食する。

テントウムシ亜科クチビルテントウ族
チュウジョウテントウ *Chilocorus chujoi* Sasaji, 2005

♂

前胸背板前縁両側は橙色

うっすらと青色光沢がある

チュウジョウテントウの小顎髭先端節

ダイトウビロウにいた幼虫（木村正明）

大きさ 3.5～4.1mm

分布 南西諸島（沖縄島・南大東島）

うっすらと青い光沢がある黒色の種。前胸背板前縁の両側の張り出した部分が橙色だが、その範囲は♂のほうが広い。チュウジョウテントウの小顎髭先端節は太く、先端は直角に近い角度で断裁状。外見がよく似たミカドテントウ(p.22)では、小顎髭先端節はやや細く、より鋭角に断裁状。

テントウムシ亜科クチビルテントウ族

アカホシテントウ *Chilocorus rubidus* Hope, 1831

上翅には縦長の赤紋が1対

幼虫
(青井光太郎)

大きさ 5.8〜7.2mm

分布 北海道・本州・四国・九州

上翅は光沢のある黒色に大きな縦長の赤紋が1対あり、この紋は融合することがある。クリやウメなどにつくタマカイガラムシ類を食べる。

テントウムシ亜科クチビルテントウ族

イセテントウ *Chujochilus isensis* (H. Kamiya, 1966)

頭部は黒色

大きさ 3.9〜4.1mm

分布 本州(関西以西)・九州

一様に淡黄色で半透明の質感。頭部は黒色。イチイガシの高所にいるためか、見る機会が少ない種。

テントウムシ亜科クチビルテントウ族

ミカドテントウ *Phaenochilus mikado* (Lewis, 1896)

光沢のある黒色

ミカドテントウの小顎髭先端節

大きさ 3.9〜4.1mm

分布 本州(関西以西)・四国・九州

光沢のある黒いテントウで、外見は一見するとチュウジョウテントウ(p.21)に似る。冬季はイチイガシの葉裏で集団を形成する習性がある。

22

テントウムシ亜科アラメテントウ族

ハラアカクロテントウ *Rhyzobius forestieri* (Mulsant, 1853)

上翅白色被毛の流れは強いS字

腹部は赤色

大きさ 2.6〜3.7mm

分布 本州・九州

全体に黒色で、触角・跗節は暗褐色で腹部は赤色。上翅被毛は白色で、強いS字に流れる。ハワイ・フィジー・ニューカレドニア・ニュージーランド・オーストラリアに分布する。タマカイガラムシ類の駆除のため、1892年にアメリカのカリフォルニア州に導入されて成功し、生物防除の古典的実例として知られる。日本では1987年に福岡県で発見され、2017年に東京都と神奈川県でも記録された。

移 テントウムシ亜科アラメテントウ族

ムネハラアカクロテントウ *Rhyzobius lophanthae* (Blaisdell, 1982)

前胸背板は黄褐色〜赤褐色

油膜のような虹色光沢がある

大きさ 1.9〜2.6mm

分布 本州

前胸背板は黄褐色〜赤褐色。上翅は黒色〜暗褐色で油膜のような虹色光沢がうっすらとある。銀白色の被毛の流れは強いS字をなし、さらに全体に黒色の直立した剛毛が粗生する。多摩川河川敷ではオニグルミやエノキで見られる。

| 移 | テントウムシ亜科テントウムシ族 |

フタモンテントウ *Adalia (Adalia) bipunctata* (Linnaeus, 1758)

一紋型 / 黒色型 / 成虫
橙色地に黒い斑紋 / 黒地に4〜6個の赤い斑紋

大きさ 4.0〜5.5mm **分布** 本州(大阪・兵庫)

上翅地色は橙色で、上翅中央に黒い斑紋が1対ある型と、黒地に4〜6個の赤い斑紋がある型とが日本で発見されているが、欧米ではナミテントウ(p.38)並みに斑紋が多様。トウカエデ、シャリンバイ、クヌギ、コナラに寄生するアブラムシ類を捕食する。ヨーロッパ・アジア・北米などに分布する広域分布種で、日本では1993年に大阪で発見され、その後定着した。

| テントウムシ亜科テントウムシ族 |

ルイステントウ *Adalia (Adaliomorpha) conglomerata* (Linnaeus, 1758)

通常型 / 黒四紋型 / 黒化型(堀繁久)
薄紋型

大きさ 3.4〜4.3mm
分布 北海道・本州・四国・九州

やや縦長の体形で、基本の斑紋は1½-3-2½だが、各斑紋は融合または消失し、黒化型や無紋型まで多様。山地性で、針葉樹につくカサアブラムシ類を捕食する。

テントウムシ亜科テントウムシ族

カメノコテントウ *Aiolocaria hexaspilota* (Hope, 1831)

赤褐色型 　　北海道産 　　黒化型（堀繁久）

 卵（歳清勝晴）

 幼虫（歳清勝晴）　蛹（歳清勝晴）

大きさ 8.0〜11.7mm

分布 北海道・本州・四国・九州

大型のテントウで斑紋には変異があり、まれに完全に黒化。北海道産のものを別種ナガカメノコテントウ（*A. mirabilis*）とする説もある（松本ほか, 2012）。ハムシ類の幼虫などを捕食する。エノキ、ヤナギ、クルミなどで見られる。

テントウムシ亜科テントウムシ族

ウンモンテントウ *Anatis halonis* Lewis, 1896

黒紋が消失した個体

幼虫（歳清勝晴）

 蛹（歳清勝晴）

白色部に囲まれた黒紋が2-3-3-1に並ぶ

大きさ 6.7〜8.5mm

分布 北海道・本州・四国・九州

白色部に囲まれた黒紋が2-3-3-1に並ぶ。斑紋が一部消失した個体もいる。山地に普通で、針葉樹などで見られる。灯火によく飛来する。

テントウムシ亜科テントウムシ族
ジュウクホシテントウ *Anisosticta kobensis* Lewis, 1896

無紋型

上翅に19個の斑紋

無紋の個体もいる

大きさ 3.8〜4.1mm
分布 北海道・本州・四国・九州

縦長の体形で、黄褐色の上翅に19個の斑紋があるが、完全に無紋の個体もいる。湿地性でヨシ原などに依存。分布はやや局所的。

テントウムシ亜科テントウムシ族
ハラグロオオテントウ *Callicaria superba* (Mulsant, 1853)

卵（歳清勝晴）　幼虫（歳清勝晴）

上翅に1-3-3の黒紋が並ぶ

大きさ 11.0〜12.0mm
分布 本州・四国・九州

前胸背板に1対、上翅に1-3-3の黒紋が並ぶ。体下面は両側を除いて黒色。クワキジラミを捕食する。暖地性だが近年、関東（東京・神奈川）まで進出。

成虫

テントウムシ亜科テントウムシ族

シロトホシテントウ *Calvia decemguttata* (Linnaeus, 1767)

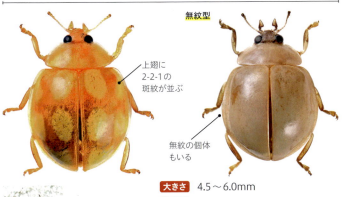

無紋型

上翅に2-2-1の斑紋が並ぶ

無紋の個体もいる

灯火にもよく飛来する

大きさ 4.5〜6.0mm
分布 北海道・本州・四国・九州

上翅斑紋は2-2-1に並ぶ。全体が淡黄色になり、うっすらと斑紋を残す個体や、完全に消失する個体も多く見られる。やや山地性。

テントウムシ亜科テントウムシ族

ムーアシロホシテントウ *Calvia muiri* (Timberlake, 1943)

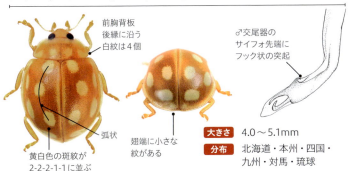

前胸背板後縁に沿う白紋は4個

♂交尾器のサイフォ先端にフック状の突起

弧状

黄白色の斑紋が2-2-2-1-1に並ぶ

翅端に小さな紋がある

大きさ 4.0〜5.1mm
分布 北海道・本州・四国・九州・対馬・琉球

上翅は黄褐色〜赤褐色の地に、黄白色の斑紋が2-2-2-1-1に並ぶ。会合線沿いの3個の斑紋は弧状に並ぶ。前胸背板には後縁に沿った斑紋が4個並ぶ。まれに斑紋が一部消失した紛らわしい個体もいる。

幼虫(歳清勝晴)

蛹(歳清勝晴)

テントウムシ亜科テントウムシ族

アマミシロホシテントウ *Calvia parvinotata* (Miyatake, 1959)

- 前胸背板は側方に2個の紋
- 斑紋を欠く
- 黄白色の斑紋が1-2-2-1に並ぶ

大きさ 4.2〜5.0mm
分布 奄美大島

ムーアシロホシテントウ(p.27)に似るが、上翅は黄褐色〜赤褐色の地に黄白色の斑紋が1-2-2-1に並び、肩部の斑紋を欠く。前胸背板の斑紋は側方に2個。

テントウムシ亜科テントウムシ族

シロジュウシホシテントウ *Calvia quatuordecimguttata* (Linnaeus, 1758)

基本型

黄褐色〜褐色地に白紋が1-3-2-1に並ぶ

暗色型

地は黒色

紅型

赤色地に黒紋が1½-2-1½-1に並ぶ

大きさ 4.4〜6.0mm
分布 北海道・本州・四国・九州・対馬

基本型・暗色型・紅型の3型があり、まれに中間型もある。基本型の上翅は黄褐色〜褐色の地に白紋が1-3-2-1に並ぶ。暗色型の地色は黒色。紅型は赤色の地に黒紋が1½-2-1½-1に並ぶ。

暗色型は西日本では少ない

テントウムシ亜科テントウムシ族

シロジュウゴホシテントウ

Calvia quindecimguttata (Fabricius, 1777)

幼虫(歳清勝晴)

翅端に紋はない

前胸背板後縁に沿う白紋は3個

ゆるやかな弧状

サイフォ先端は二股

大きさ 4.9〜5.2mm

分布 北海道・本州・四国

ムーアシロホシテントウ(p.27)に似るが、斑紋は2-2-2-1に並ぶ。会合線沿いの3個の斑紋はゆるやかな弧状で、翅端に紋はない。前胸背板後縁に沿う白紋は3個で、中央の斑紋は消失することがある。この2種は同所的に生息することがあり、紛らわしい個体の確実な区別には♂交尾器の検鏡が必要。樹上性のテントウで、河川敷では多産することがある。

COLUMN

シロジュウゴホシテントウは普通種？

　シロジュウゴホシテントウは、『原色日本甲虫図鑑』(保育社)には「日本では少ない」と書かれており、見る機会の少ないテントウムシだと思っていました。そのうち出会えるだろうと思いながらも、よく似ているムーアシロホシテントウを見るたびに、「シロジュウゴホシテントウかな？」と確認していました。

　あるとき、東京都稲城市の甲虫を研究している伊藤 淳さんから、シロジュウゴホシテントウが採れたという連絡が入り、多摩川に飛んでいきました。河川敷のヤナギを叩くと、1頭だけムーアシロホシテントウが混じっていましたが、落ちてくるテントウはシロジュウゴホシテントウばかり。「あれえ？ こんな近くにたくさんいたの？」。皆さんの身近な自然にも、まだまだ見たことのない虫がたくさん潜んでいるかもしれませんよ！

多摩川で見つかったシロジュウゴホシテントウ(歳清勝晴)

テントウムシ亜科テントウムシ族

ダンダラテントウ *Cheilomenes sexmaculata* (Fabricius, 1781)

(a) 型

4紋型。後方の紋が消える個体もいる

(b) 型

肩部の紋が発達した型

(c) 型

黒色部が十字の型

(d) 型

3対の黒紋を持つ型

(e) 型

周縁の黒色部がない型

(f) 型

赤色部が広い型

触角末端節はその前節より狭く、先端は尖る

幼虫(青井光太郎)

大きさ	3.7〜6.7mm
分布	本州・四国・九州・対馬・南西諸島・小笠原諸島

斑紋の変異が大きく、北に行くほど赤色部が狭い傾向にある。(a)〜(c) の型は、以前ヨスジテントウという名で別種とされ、九州以北にはこのヨスジ型が多い。肩部側方の「く」の字形の赤色部を除いて黒色の型まである。南西諸島では (d)〜(f) のダンダラ型が多い。赤色の地色に、会合部と周縁部が黒く、3対の黒紋を持つ型 (d) のほかに、周縁の黒色部がないもの (e)、赤色部がより広いもの (f) など、様々な斑紋変異がある。ナミテントウ(p.38)やカタボシテントウ(p.35)と混同されるが、本種の触角末端節はその前節より狭く、先端は尖る。それに対し、ナミテントウを含む *Harmonia* 属は触角末端節が前節より幅広く、先端は断裁状。カタボシテントウを含む *Coelophora* 属では触角末端節が前節とほぼ同幅で、先端はやや丸い。国外では台湾・中国・東南アジアからアフガニスタン、最近では南米のコロンビア・チリ・エクアドル・ペルー・ベネズエラまで分布することがわかっている。

| テントウムシ亜科テントウムシ族

アイヌテントウ　*Coccinella (Coccinella) ainu* Lewis, 1896

斑紋異常

幼虫（蔵清勝晴）

交尾

黒紋は11個で1½-2-2に並ぶ

成虫

大きさ 4.3〜5.6mm
分布 北海道・本州

ナナホシテントウ（p.33）に似るがやや小さく、黒紋は11個で1½-2-2に並ぶ。河川敷など水辺に近い場所にいるがやや局所的。アブラムシ類を捕食する。

| テントウムシ亜科テントウムシ族

ココノホシテントウ　*Coccinella (Coccinella) explanata* Miyatake, 1963

平圧部の幅は広い

ナナホシテントウにこの斑紋はない

アイヌテントウはこの斑紋が2紋に分かれる

黒紋は9個で1½-2-1に並ぶ

大きさ 5.1〜6.8mm
分布 北海道・本州

ナナホシテントウ（p.33）に似るが、黒紋は9個で1½-2-1に並ぶ。ナナホシテントウより上翅側方の平圧された部分の幅が広い。沿岸部の記録が多いが局所的。カワラヨモギにつくアブラムシ類を捕食する。

31

テントウムシ亜科テントウムシ族

ダイモンテントウ *Coccinella (Coccinella) hasegawai* Miyatake, 1963

正面から見ると上翅の赤色部が「大」の字に見える

大きさ 6.0〜6.5mm
分布 本州（中部山岳の高山帯）

5個の黒斑が逆「大」字形に赤色部を残す。基方3紋が融合する個体がいる。高山帯に分布するハイマツにつくアブラムシ類を捕食する。

3紋が融合した個体

COLUMN

ゾンビ化するテントウムシ

　テントウムシ科に寄生するテントウハラボソコマユバチというハチは、テントウムシの成虫に長い産卵管を使って卵を産みつけます。ハチの幼虫は宿主であるテントウムシを殺さないよう腹部で成長し、大きくなると腹端からはい出て、テントウムシの腹側へまわり込み繭になります。繭ははい出た場の表面に固定され、テントウムシは繭を抱きかかえるような状態になり、そのまま繭を守ります。
　ほかの捕食者から身を守るために、ゾンビのボディーガードとしてテントウムシを利用する生態をもつハチなのです。

寄生バチの繭を抱えるナミテントウ（歳清勝晴）

テントウムシ亜科テントウムシ族

ナナホシテントウ *Coccinella (Coccinella) septempunctata* Linnaeus, 1758

本州産

通常の型

沖縄産

斑紋が小さい型（かつてコモンナナホシテントウと呼ばれていた）

異常型

斑紋が融合した異常型

異常型

斑紋が拡大した異常型

羽化直後の成虫

幼虫

蛹

大きさ 5.0〜8.6mm

分布 北海道・本州・四国・九州・対馬・南西諸島・小笠原諸島

ユーラシア大陸のほとんど全域と近隣諸島、アフリカ北部まで広域分布する。赤色〜橙色の地色に、黒紋が½-2-1に並ぶ。南西諸島のものは黒紋が縮小する傾向がある。斑紋が融合する異常型が見られる。アブラムシ類を捕食する。

テントウムシ亜科テントウムシ族

マクガタテントウ *Coccinula crotchi* (Lewis, 1897)

♂の頭部は淡白色〜黄褐色
1対の橙色紋
1対の橙色紋
♀の頭部は黒色

大きさ 3.0〜3.8mm
分布 北海道・本州・四国

上翅基方と翅端に各1対の橙色紋がある。♂の頭部は淡白色〜黄褐色で、♀では黒色。特に河川敷には多産することがある。

テントウムシ亜科テントウムシ族

ジュウシホシテントウ *Coccinula quatuordecimpustulata* (Linnaeus, 1758)

通常型　　　　　　　　　黒化型

上翅会合部に沿って4対、側縁に沿って3対の黄紋

大きさ 2.9〜4.3mm
分布 本州（関東〜中部）・四国

上翅会合部に沿って4対、側縁に沿って3対の黄紋があり、黒色部は側縁に達する。前縁に沿う4紋と翅端の2紋を残して黒化する型もいる。山地性で分布は局所的。

黒色は平圧部に達する

34

テントウムシ亜科テントウムシ族

オオフタホシテントウ *Coelophora biplagiata* (Swartz, 1808)

後縁に達しない

肩部に1対の黒紋

幼虫（木村正明）

大きさ 5.2〜7.1mm
分布 九州・南西諸島

前胸背板の白紋は後縁に達しない。上翅に大きな1対の赤紋がある。地は橙色で会合線沿いが黒く、基方に1½の黒紋、後方に黒横帯がある型もあり、両型の移行型もある。筆者はターンム（田芋）畑で観察した。カンコノキにつくアブラムシ類を捕食していた事例もある。

移 テントウムシ亜科テントウムシ族

カタボシテントウ *Coelophora inaequalis* (Fabricius, 1775)

亀甲型

六紋型

触角末端節はその前節とほぼ同幅で、先端はやや丸い

大きさ 4.2〜5.3mm
分布 南西諸島・小笠原諸島

アジア熱帯地域・オセアニアの広域に分布することが知られており、比較的最近移入し定着した。斑紋には変異があり、沖縄地方に定着しているのは亀甲型と六紋型で、2型の移行型も見られる。海外には様々な斑紋パターンが存在する。

テントウムシ亜科テントウムシ族

カリプソテントウ *Coelophora saucia* Mulsant, 1850

♂の頭部は白〜淡黄色

赤紋は
やや側方にある

♀の頭部は黒色〜暗褐色

大きさ 5.6〜6.7mm

分布 対馬

頭部は♂では白色〜淡黄色、♀では黒色〜暗褐色。前胸背板の白紋は大きく、後縁に達する。上翅は全体に黒色で、中央側方に1対の赤紋がある。日本産はこの型のみだが、海外では変異に富む。アブラムシ類を捕食する。

テントウムシ亜科テントウムシ族

シロジュウロクホシテントウ *Halyzia sedecimguttata* (Linnaeus, 1758)

透明

両側に
各1個の
白紋

白紋が
1-2-3-1-1に並ぶ

大きさ 6.0〜6.4mm

分布 北海道・本州・四国・九州

前胸背板は前方に張り出して頭部をおおい、その前縁は弧状。後縁の両側に各1個の白紋がある。上翅は黄褐色〜橙色の地色に白紋が1-2-3-1-1に並ぶ。体形はやや楕円形で、前胸背板と上翅側縁沿いの平圧部は透明。山地性で、灯火によく飛来する。菌類を食べる。

> **COLUMN**

こだわりの展脚

　展脚には、虫のコンディションによって様々な材料を使用しますが、コクヨの「ひっつきシート」をよく使います。25mm四方くらいにカットしたポリフォームに20mm×20mmのひっつきシートを乗せます。メリットは顕微鏡下でくるくる回して全方向から調整できることです。脚や触角は乾燥の過程で動いてしまうのを防ぐために、細かくカットしたグラシン紙で押さえます。マウントするときは、水やエタノールを1滴たらすと標本をきれいにはがすことができます。取り出した交尾器は、虫の横に貼っておきます。簡易的にアラビア糊で貼ることが多いのですが、しっかりと観察したいときは水酸化カリウムで処理し、封入剤を用いてプレパラートを作成します。

乾燥中の展脚標本（左はシロジュウゴホシテントウ、右はシロホシテントウ）

> **COLUMN**

てんとう虫のサンバ！

　ナミテントウの♂は、交尾のときにブルブルブルっと体を左右に揺らします。この行動は「ボディーシェイキング」（Body Shaking）と呼ばれ、何度か連続して行われます。このボディーシェイキングを中断させると、産卵された卵は孵化しないという実験結果もあり、精子の受け渡しに必要な行動と思われます。クリサキテントウでも同じような行動が観察され、ほかのテントウムシ数種でも似たような行動が見られます。今の若い人は知らないかもしれない、ウエディングソングの定番「てんとう虫のサンバ」は、この行動がもとになっていると聞いたことがあります。

交尾中のナミテントウ。
♀の上に乗る♂がサンバを踊る

アイヌテントウもサンバを
踊る（歳清勝晴）

テントウムシ亜科テントウムシ族

ナミテントウ *Harmonia axyridis* (Pallas, 1773)

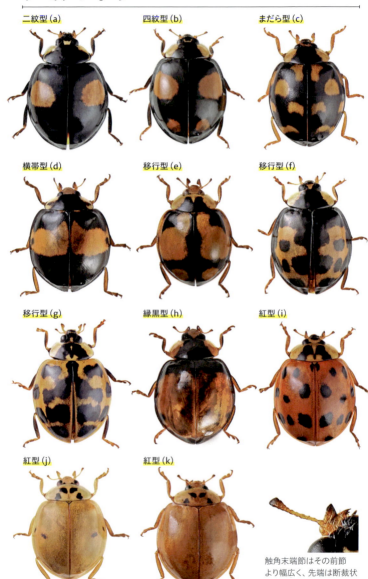

二紋型 (a) 四紋型 (b) まだら型 (c)
横帯型 (d) 移行型 (e) 移行型 (f)
移行型 (g) 縁黒型 (h) 紅型 (i)
紅型 (j) 紅型 (k)

触角末端節はその前節より幅広く、先端は断裁状

上翅端付近に横ひだが
あればナミテントウ

横ひだがなければ
ナミテントウかクリサキテントウ

終齢幼虫の比較

ナミテントウ
終齢幼虫

第4・5節
背線部突起が淡色

第1節背線部
突起は淡色

第1〜5節の
背側線部と
突起は橙色

クリサキテントウ
終齢幼虫

背線部突起は黒色

第1〜7節の
背側線部と突起は橙色

♂交尾器サイフォ先端の比較

ナミテントウ　まっすぐ

クリサキテントウ　やや長い　S字に曲がる

大きさ　4.7〜8.2mm

分布　北海道・本州・四国・九州・対馬・南西諸島(沖縄島・石垣島)

遺伝的斑紋多型があり、二紋型(a)・四紋型(b)・まだら型(c)・紅型(i)〜(k)の4型とされるが、それぞれの間に移行型(e)〜(g)がある。まれに縁黒型(h)、横帯型(d)が見られる。北に行くほど紅型(i)〜(k)が多い。本種は遺伝的に、上翅端付近に横ひだが現れるものと現れないものがある。酷似するクリサキテントウ(p.41)には現れないため、本種の横ひだのあるものはそれによって区別できる。横ひだがないものの同定には♂交尾器の検鏡が必要。♂交尾器ではサイフォ先端から出る糸状の突起物が、ナミテントウではまっすぐなのに対し、クリサキテントウではS字を描く。また、その横に位置する骨片はクリサキテントウのほうが長い。この2種は幼虫での区別が可能である。本種の終齢幼虫は腹部第1〜5節までの背側線部と第1節の背線部が橙色で、それらの突起を含む厚皮板と、第4・5節の背線部突起が淡色。クリサキテントウでは背線部の突起は黒色で、第1〜7節までの背側線部と突起が橙色である。ダンダラテントウ(p.30)やヤホシテントウ(p.40)とも混同されることがある(区別点は各種の解説を参照)。集団で越冬する習性がある。アブラムシ類を捕食するが、同種やほかのテントウ類の蛹や幼虫なども食べる。南西諸島には分布しないとされてきたが、最近になって沖縄島・石垣島で記録された。

テントウムシ亜科テントウムシ族

オオジュウゴホシテントウ *Harmonia dimidiata* (Fabricius, 1781)

ハート形の黒紋

1-3-2-½の黒紋

大きさ 6.5〜9.0mm
分布 九州・南西諸島

前胸背板後縁中央にハート形の黒紋がある。上翅は1-3-2-½に黒紋が並ぶ。対馬でも記録がある(未発表)。

テントウムシ亜科テントウムシ族

ヤホシテントウ *Harmonia octomaculata* (Fabricius, 1781)

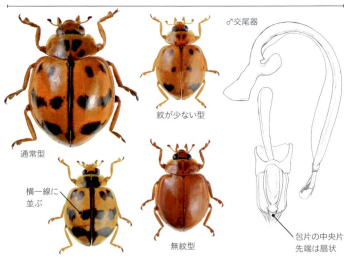

通常型

紋が少ない型

横一線に並ぶ

無紋型

♂交尾器

包片の中央片先端は扇状

大きさ 5.8〜7.0mm　**分布** 対馬・南西諸島

体形はやや縦長。上翅斑紋は変異があり、ほぼ無紋になるものまである。基本は基部から2列目の黒紋が横一線に並び、後端の黒紋は翅端に達し、会合部は黒色。前胸背板の地色は上翅と同色で、黒紋は扇状に並ぶが融合または消失することがある。斑紋が少ない型は、近縁のナミテントウ(p.38)やクリサキテントウに似るため、確実な区別には♂交尾器の検鏡が必要。

テントウムシ亜科テントウムシ族

クリサキテントウ *Harmonia yedoensis* (Takizawa, 1917)

紅型 (a)　紅型 (b)　紅型 (c)
紅型 (d)　紅型 (e)　四紋型 (f)
大四紋型 (g)　淡黒型 (h)

卵（宮城秋乃）
蛹

大きさ 4.8～8.0mm　　**分布** 本州・四国・九州・南西諸島

遺伝的斑紋多型があり、近縁のナミテントウ (p.38) に酷似する。紅型 (a) ～ (e) の黒紋はしばしば消失する。まだら型はナミテントウと同様の斑紋を持つ。四紋型 (f) は黄色～赤色の紋が 2 対あり、その紋はナミテントウより小さいことが多い。後方の斑紋が消失した二紋型もある。大四紋型 (g) は黒色の地色に台形の赤紋 1 対をそなえ、後方に小さい紋が 1 対あるが、後者はしばしば消失または融合する。淡黒型 (h) は後方全体と前方の一部が雲状に暗化する。その暗化の程度は変化が大きい。このほか、上翅基部に大きな斑紋がある基紋型など、様々な変異がある。本種では、ナミテントウで示したような上翅端付近の横ひだが現れないとされる。ナミテントウとの区別には♂交尾器の検鏡が必要。♂交尾器と終齢幼虫での区別はナミテントウを参照。マツ類の樹上に生息し、アブラムシ類を捕食する。

テントウムシ亜科テントウムシ族

ジュウサンホシテントウ *Hippodamia (Hemisphaerica) tredecimpunctata* (Linnaeus, 1758)

通常型 / 斑紋異常 / 上翅に13個の黒紋 / アブラムシ類を捕食する成虫 / 幼虫

大きさ 5.6〜6.2mm　**分布** 北海道・本州・四国・九州

体形は縦長。上翅にある13個の黒紋には変異があり、消失または融合することがある。河川敷など湿地や草原環境に見られる。アブラムシ類を捕食。体色は羽化後しばらくは黄色で、成熟すると橙色に変化。東京都稲城市では、5月ごろに黄色い個体が一斉に現れ、夏に向かって橙色の個体ばかりになっていく様子が観察された。

テントウムシ亜科テントウムシ族

キイロテントウ *Kiiro koebelei* (Timberlake, 1943)

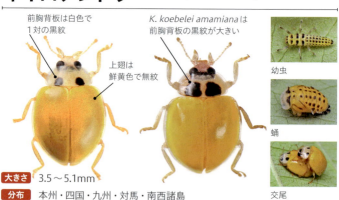

前胸背板は白色で1対の黒紋 / 上翅は鮮黄色で無紋 / *K. koebelei amamiana*は前胸背板の黒紋が大きい / 幼虫 / 蛹 / 交尾

大きさ 3.5〜5.1mm
分布 本州・四国・九州・対馬・南西諸島

上翅は鮮黄色で無紋。前胸背板は白色で1対の黒紋がある。この黒紋が大きい個体群が奄美大島・沖縄島とその周辺の一部の島に分布し、亜種 *K. koebelei amamiana* とされる。そのほかものは名義タイプ亜種 *K. koebelei koebelei* とされる。うどんこ病菌を食べる。

テントウムシ亜科テントウムシ族

チャイロテントウ *Micraspis discolor* (Fabricius, 1798)

円形の黒紋が1対

前胸背板の後縁に沿った三角形の黒紋

成虫

上翅会合部は黒色

ターンム（田芋）の葉上の成虫

大きさ 3.7〜4.7mm

分布 九州・南西諸島

全体に赤褐色〜橙色で、前胸背板には後縁に沿った三角形の黒紋が、中央に円形の黒紋がそれぞれ1対ある。上翅会合部は黒色。屋久島以南では水田を含む湿地環境に普通。

テントウムシ亜科テントウムシ族

クロスジチャイロテントウ *Micraspis kiotoensis* (Nakane & M.Araki, 1960)

前胸背板は前縁以外黒色

上翅は黄褐色で会合線が黒くなり、中央に1対の縦長黒条

大きさ 3.5〜3.7mm

分布 本州・九州

前胸背板は前縁以外が黒色。上翅は黄褐色で会合線が黒くなり、中央に1対の縦長黒条がある。湿地性で分布は局所的。

テントウムシ亜科テントウムシ族

ムモンチャイロテントウ *Micraspis kurosai* Miyatake, 1977

ヨシの穂にいた成虫

全体に黄褐色で無紋

大きさ 3.1〜3.9mm
分布 北海道・本州

全体に黄褐色で無紋。湿地性で分布は局所的だが、場所によっては多い。

テントウムシ亜科テントウムシ族

ムナグロチャイロテントウ *Micraspis satoi* Miyatake, 1977

前胸背板は前縁以外黒色　小楯板は小さい　中・後腿節は黒色

上翅は会合部のみ黒色

大きさ 3.4〜3.6mm
分布 本州

全体に黄褐色で、前胸背板は前縁以外が黒色。上翅は会合部のみが黒いが、まれにクロスジチャイロテントウ（p.43）のように1対の黒条がうっすらと現れる個体がいる。ヒメカメノコテントウ（p.48）のせすじ型に似るが、後腿節が黒色で体形は丸く、小楯板は本種のほうが小さい。ただし、ヒメカメノコテントウのせすじ型にも後腿節に黒色部が現れる個体が発見されているので（未発表）、区別には注意を要する。湿地性で北限は青森県。

テントウムシ亜科テントウムシ族

カサイテントウ *Myzia gebleri* (Crotch, 1874)

通常型 / 黒色型
1対の黄紋 / 前胸背板は側部が黄褐色 / 一部消失する個体もいる / 側縁は黄褐色

大きさ 6.1～7.7mm　**分布** 北海道

前胸背板は側部が黄褐色。上翅は黒色。側縁は黄褐色で、基部後方から走る3条の線と翅端部で合流する。これらの線は一部消失することがある。小楯板の側方に1対の黄紋。ハイマツやカラマツなど針葉樹につくアブラムシ類を捕食する。

テントウムシ亜科テントウムシ族

ジュウロクホシテントウ *Myzia oblongoguttata* (Yuasa, 1963)

融合した斑紋
1-3-2-1に白紋が並ぶ

大きさ 7.0～8.5mm
分布 北海道・本州・九州

上翅は赤色～赤褐色で、1-3-2-1に白紋が並ぶ。斑紋はほとんどが三角形で、ときに融合または消失する。主に山地の針葉樹で見られるが、平地ではまれ。灯火に飛来する。

テントウムシ亜科テントウムシ族

ウスキホシテントウ *Oenopia hirayamai* (Yuasa, 1963)

標準型　3対の淡黄色～黄色紋

紋少型　四角形に突出

ケヤキの樹皮下に集団でいた

黒色は平圧部に達しない

大きさ 3.3～4.0mm
分布 北海道・本州・四国・九州

上翅黒色部の外縁は四角形に突出し、側縁近くまで及ぶ個体もいるが、平圧された部分までは広がらない。上翅会合線沿いに淡黄色～黄色の紋が3対並ぶ。冬季はケヤキの樹皮下でよく見られる。

テントウムシ亜科テントウムシ族

ムツキボシテントウ *Oenopia scalaris* (Timberlake, 1943)

関東産　上翅黒色部の外縁は波形

沖縄産

大きさ 3.3～3.9mm
分布 本州・九州・南西諸島・小笠原諸島

上翅黒色部の外縁は波形で、側縁に達しない。会合線沿いに並ぶ淡黄色～黄色の3対の紋はウスキホシテントウより大きいことが多い。マツ類の樹上で見られる。

| 移 | テントウムシ亜科テントウムシ族 |

ハイイロテントウ *Olla v-nigrum* (Mulsant, 1866)

4-3-1に黒紋が並ぶ

成虫。南西諸島では個体数が多い

生時は灰色

大きさ 4.5〜6.0mm
分布 南西諸島

全体に淡黄色を帯びた灰色。4-3-1に黒紋が並び、2列目内方の紋は大きく、V字をなす。これらの黒紋は融合することがある。日本産はこの型のみだが、海外では紅型や黒地に赤2紋の型など変異に富む。死ぬと灰色は失われ、全体が淡黄色になる。ギンネムにつくギンネムキジラミなどを捕食する。1987年に沖縄県で発見された移入種で、南北アメリカ大陸・オセアニア・東南アジアなど広域に分布する。

| テントウムシ亜科テントウムシ族 |

マエフタホシテントウ *Phrynocaria congener* (Billberg, 1808)

♂ 大きな淡黄色の紋がある

♀ 暗色

前胸背板は前縁が狭く淡黄色

大きな赤紋

大きさ 4.3〜5.0mm
分布 南西諸島

頭部は♂では黄褐色で、♀は暗色。前胸背板は♂では大きな淡黄色の紋が側方にある。♀では前縁が狭く淡黄色。上翅中央やや前寄りに大きな赤紋が1対ある。

47

テントウムシ亜科テントウムシ族
ヒメカメノコテントウ *Propylea japonica* (Thunberg, 1781)

亀甲型♂　亀甲型♂　黄点黒型♂

小楯板横の紋がない型は「黒型」

四紋型♀　四紋型♀　二紋型♀

肩部に紋がない型は「せすじ型」

腿節が黄色の個体(左)と黒斑のある個体(右)

幼虫(歳清勝晴)

サイフォ先端は最も長い背方の1本がコカメノコテントウ(右)より短い

大きさ 3.0〜4.6mm　**分布** 北海道・本州・四国・九州・対馬・南西諸島

前胸背板の黒色部前縁は、♂では中央に切れ込みが入り、♀ではゆるやかな弧状。上翅斑紋は多様で、大きく亀甲型・黒型・黄点黒型・四紋型・二紋型・せすじ型に分けられる。亀甲型はコカメノコテントウに酷似し、実験下では交雑するが、自然界では生殖隔離された独立種とされる。コカメノコテントウでは各脚とも腿節に黒斑があるのに対し、本種では腿節全体が黄色で黒斑がないとされていた。しかし、本種にも腿節に黒斑があるものが多数見つかっているため(未発表)、腿節の色は確実な区別点とはならない。♂交尾器は非常によく似ているが、サイフォ先端の膜状部にある5本の針状骨片のうち、最も長い背方の1本がコカメノコテントウより短い。平地から山地に広く分布し、標高の高い場所では山地性のコカメノコテントウと混生する。

テントウムシ亜科テントウムシ族

コカメノコテントウ *Propylea quatuordecimpunctata* (Linnaeus, 1758)

本州産　本州産　北海道産

分離する

腿節に黒斑

大きさ 4.0～4.8mm　　**分布** 北海道・本州

上翅斑紋は、ヒメカメノコテントウの亀甲型に似る。肩部の黒紋は1紋のものと2紋に分離したものがあり、北海道産でははっきりと分離した型が多い。この紋が分離していないものの区別には♂交尾器の検鏡が必要。ヒメカメノコテントウに現れる黒型・黄点黒型・四紋型・二紋型・せすじ型は本種では現れない。各脚は黄褐色だが、腿節に黒斑がある。ヒメカメノコテントウと同所的に生息するが、本種は山地性。ヨーロッパでは14個の黒紋をもつものが現れる。

移　テントウムシ亜科テントウムシ族

クモガタテントウ *Psyllobora (Psyllobora) vigintimaculata* (Say, 1824)

淡黄褐色の地色に黒褐色と淡褐色の斑紋

大きさ 1.7～3.0mm

分布 本州・九州

上翅は淡黄褐色の地色に黒褐色と淡褐色の斑紋があるが、大きさや濃淡には変異がある。北米からの移入種で、国内では1984年に東京都大田区の東京港付近で見つかった。関東から関西の太平洋側の地域で分布を広げているほか、福岡県からも記録がある。うどんこ病菌を食べる。

| 移 | テントウムシ亜科テントウムシ族 |

ムネアカオオクロテントウ *Synona consanguinea* Poorani, lipi ski et Booth, 2008

幼虫（小林信之）　　蛹（小林信之）

大きさ 6.0〜8.0mm

分布 本州（関東・関西）

中国・タイ・ミャンマー・ベトナムに分布する種で、日本では2015年に初めて記録された移入種。カメムシ類の幼虫（主にクズにつくマルカメムシ）を捕食する。群馬・東京・神奈川・奈良・和歌山・大阪・京都で確認されており、今後も分布域が拡大する可能性がある。

本種が好む
マルカメムシの幼虫

| テントウムシ亜科テントウムシ族 |

オオテントウ *Synonycha grandis* (Thunberg, 1781)

前胸背板中央に
大きな黒紋

斑紋は
1-2½-2½-½に並ぶ

タケツノアブラムシ
（西藤誉志也）

等間隔に産みつけられ　幼虫
た卵（西藤誉志也）　　（西藤誉志也）

大きさ 10.5〜13.0mm

分布 本州・四国・九州・南西諸島

前胸背板の中央に大きな黒紋があり、上翅斑紋は1-2½-2½-½に並び、それぞれ縮小または融合することがある。地色は羽化後しばらくは黄色で、成熟すると赤くなる。ホウライチクにつくタケツノアブラムシを捕食する。

テントウムシ亜科テントウムシ族

シロホシテントウ *Vibidia duodecimguttata* (Poda von Neuhaus, 1761)

透明　1-2-2-1の白紋

幼虫はキイロテントウに似る（歳清勝晴）　蛹（歳清勝晴）

大きさ 3.1〜4.9mm
分布 北海道・本州・四国・九州

前胸背板側縁に沿った平圧部は透明で、後角に1対の白色紋がある。上翅は橙色〜赤褐色の地色に白色の紋が1-2-2-1に並ぶ。ムーアシロホシテントウ (p.27) とシロジュウゴホシテントウ (p.29) に似るが、斑紋の数で区別できる。前胸背板の斑紋には変異がある。同属のアラキシロホシテントウとの区別には交尾器の検鏡が必要。♂交尾器のサイフォ先端の糸状付属骨片は、アラキシロホシテントウと比べると短く、内方骨片は同長。包片の中央片先端は鈍く突出し、背面の横隆起は弱い。♀の貯精嚢は太く、湾曲は弱い。うどんこ病菌を食べる。

テントウムシ亜科テントウムシ族

アラキシロホシテントウ *Vibidia nagayamai* M. Araki, 1961

アラキシロホシテントウの♂交尾器　シロホシテントウの♂交尾器
内方骨片は短い
白紋はシロホシテントウより大きい
先端糸状付属骨片は長い
先端糸状付属骨片は短く、内方骨片と同長

大きさ 3.1〜4.9mm
分布 北海道・本州・九州

シロホシテントウに酷似し、上翅の斑紋はより大きい傾向にあるが、外見での区別は困難。区別には交尾器の検鏡が必要。♂交尾器のサイフォ先端の糸状付属骨片は著しく長く、内方骨片は短い。包片の中央片先端は細く尖って突出し、背面の横隆起は側面から見てより顕著。♀の貯精嚢は細く、シロホシテントウより強く湾曲する。湿地環境で見られる。

テントウムシ亜科マダラテントウ族

トホシテントウ *Diekeana admirabilis* (Crotch, 1874)

異常型（上田衛門）

幼虫は無数の棘状突起をそなえる（歳清勝晴）

大きさ 5.4〜7.5mm

分布 北海道・本州・四国・九州

上翅は暗赤色の地色に10個の黒紋があるが、これらが拡大・融合した個体もいる。前胸背板中央の横長の黒紋にも変異があり、ほぼ全体が黒い個体もいる。カラスウリなどの葉を食べる。年1化で、幼虫で越冬する。

暗赤色の地色に10個の黒紋

テントウムシ亜科マダラテントウ族

ツシママダラテントウ *Epilachna chinensis* (Weise, 1912)

前胸背板の中央に横長の細い黒紋

近年、北九州に進出した

大きさ 4.5〜5.6mm

分布 九州・壱岐・対馬

上翅は赤色〜暗赤色で、黒紋は2-2-1に並ぶ。この黒紋はやや変異がある。前胸背板中央に横長の細い黒紋がある。ヘクソカズラやクルマバアカネなどアカネ科の植物の葉を食べる。年1化で、幼虫で越冬するが、1〜3齢の異なるステージの幼虫が一緒に冬を越す。国外では中国・台湾・ベトナム・韓国に分布する。

2-2-1の黒紋

| 移 | テントウムシ亜科マダラテントウ族 |

インゲンテントウ　*Epilachna varivestis* Mulsant, 1850

卵は60〜100個ほどまとめて産みつけられる

幼虫

蛹

3-3-2の16紋

赤みの強い個体

大きさ 5.0〜8.0mm
分布 本州(山梨・長野)

上翅は黄褐色〜赤褐色で、黒紋が3-3-2に並ぶ。1997年に山梨県と長野県の県境で見つかった移入種。山梨・長野の標高500〜1,500m以上で見出されている。インゲンなどマメ類を食害する。

| テントウムシ亜科マダラテントウ族 |

ジュウニマダラテントウ　*Henosepilachna boisduvali* (Mulsant, 1850)

2-2-1-1の12紋

成虫

サイフォ先端は二股

大きさ 7.5〜8.0mm　**分布** 南西諸島

前胸背板は無紋。上翅は黄褐色の地色に黒紋が2-2-1-1に並ぶ。2列目内方の紋は横長の楕円である。ミナミマダラテントウ(p.55)に酷似するが、♂交尾器ではサイフォ先端が二股になる。包片の中央片は先端部で左右に広がり、中央付近では閉じている。オキナワスズメウリを主としたウリ科や、ナス科の植物を食べる。国外ではインド・中国・台湾・ベトナム・フィリピン・インドネシア・ニューギニア・サモア・バヌアツ・フィジー・オーストラリアと広域に分布する。

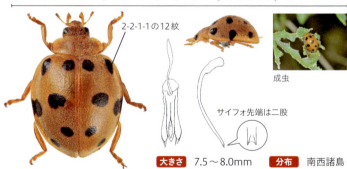

テントウムシ亜科マダラテントウ族

ヤマトアザミテントウ *Henosepilachna niponica* (Lewis, 1896)

大沼型　伊吹型

張り出す

大きさ 5.5〜8.5mm
分布 北海道・本州

前胸背板に黒紋があるが変異が大きい。上翅会合部の黒紋は融合する。上翅端は外方へやや張り出し、背面後方が強く盛り上がることが多い。後腿節は両端の狭い範囲を除き黒色。アザミ類の葉を食べるが、実験ではジャガイモで飼育でき、ジャガイモ畑でオオニジュウヤホシテントウ (p.57) と混生しているとの報告もある。大沼型（北海道南部〜東北地方北・中部地域）、本州型（東北地方南部〜中部地方）、伊吹型（北陸・近畿・中国地方の日本海寄りの地域）の3地域型に大きく分けられるが、それぞれの中でも変異は多い。太平洋側では発見されていない。

COLUMN

エピラクナ問題

　オオニジュウヤホシテントウは、ジャガイモ・ナス科の大害虫として知られていましたが、1937年に北海道でアザミを食べる近縁種が見つかり、上翅端に特異な瘤状突起をそなえることから、コブオオニジュウヤホシテントウという名前で新種記載されました。この種を巡って研究が進み、コブオオニジュウヤホシテントウは集団変異を含んだ種の複合体と認識され、現在では、北海道でアザミとルイヨウボタンを食べるエゾアザミテントウ (p.56)、北海道から本州中部でルイヨウボタンを食べるルイヨウマダラテントウ (p.58)、北海道南部から本州南端（主に日本海側）でアザミを食べるヤマトアザミテントウの3種として扱われています。

　この近縁な3種は、「エピラクナ問題」として、その分布や形態、食性、生活史などにおいて別種であるかどうか、様々な研究が行われてきました。そして今もなおその研究は続いています。

ミナミマダラテントウ *Henosepilachna pusillanima* (Mulsant, 1850)

テントウムシ亜科マダラテントウ族

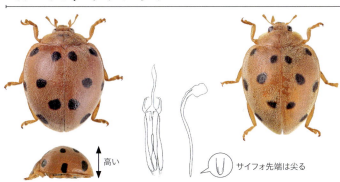

高い / サイフォ先端は尖る

大きさ 7.5〜8.0mm **分布** 南西諸島

外見はジュウニマダラテントウ(p.53)に酷似する。地色は赤みの強いものが多く、黒紋はジュウニマダラテントウより小さいことが多い。体形は翅端に向かってややすぼむ。確実な区別には交尾器の検鏡が必要。♂交尾器のサイフォ先端は尖る。包片の中央片は、ジュウニマダラテントウより細く、先端部で左右に広がり、一度閉じて、中央付近で再び広がる。日本では1997年、石垣島で初めて発見された。ウリ科の植物を食べるが、オキナワスズメウリは食べない。国外ではインド・ネパール・中国・台湾・タイ・ベトナム・フィリピン・インドネシアに分布する。

COLUMN

テントウムシは益虫？害虫？

作物に被害を与えるアブラムシ類を食べるため、農家からは益虫としてありがたがられる肉食性のテントウムシがいる一方、作物の葉を食べ、害虫として嫌われる草食性のテントウムシもいます。

害虫とされる種はマダラテントウ族の仲間で、日本には10種ほどが生息し、主にウリ科やナス科の植物を食べる種類が害虫として嫌われています。テントウムシダマシと呼ばれることもあるようですが、テントウムシダマシ科は別に存在します。

益虫としても害虫としても存在感の強いテントウムシですが、筆者にとっては、どちらも研究・探究が楽しい益虫です。

作物を食害するオオニジュウヤホシテントウ

テントウムシ亜科マダラテントウ族

エゾアザミテントウ *Henosepilachna pustulosa* (Kôno, 1937)

基本型（堀繁久）

上翅端は後縁が拡張し、その基部に顕著な瘤状突起をそなえる。側面から見た上翅の周縁は下方に湾曲する。北海道中央部を南北に縦断するように分布する

札幌型

上翅後縁は弱く拡張し、瘤状突起は小さいか、ほとんど認められない。北海道南西部に分布する

エゾアザミテントウ分布図

稚内型
層雲峡型
基本型
札幌型

層雲峡型（堀繁久）

上翅は、側面から見ると山型に強く弧状をなすが、その頂点は後方にあり、絶壁のように下がる。そのため後半が欠けたように短い体形である。北海道の北東部に分布する

稚内型（堀繁久）

上翅は後縁で広がり、その基部に小さな瘤がある。側面から見ると頂点は前方にあり、頂点と後端を結ぶ線はほぼ直線状である。稚内周辺と礼文島に分布する

大きさ 6.5〜8.3mm　**分布** 北海道

ヤマトアザミテントウ（p.54）、ルイヨウマダラテントウ（p.58）に酷似する。地域によって体形の変異が大きく、基本型・札幌型・層雲峡型・稚内型という4型に分けられ、それぞれのエリアの境界付近では、特徴が混ざった中間型の個体がいる。チシマアザミやエゾアザミなどアザミ類の葉を食べるが、それらが少ない季節はミヤマニガウリやルイヨウボタンも代用する。

| テントウムシ亜科マダラテントウ族 |

オオニジュウヤホシテントウ

Henosepilachna vigintioctomaculata (Motschulsky, 1858)

― 小楯板は黒色

― 後腿節に黒斑

葉の表面を食べ、網目状の食痕を残す

大きさ 6.6〜8.2mm

分布 北海道・本州・四国・九州

上翅は、淡赤色の地色に28個の黒紋があり、斑紋には変異がある。会合部で黒紋は融合しないことがほとんどだが、ときに融合する個体も見られる。小楯板は黒色。上翅端は拡張しない。後腿節に黒斑があるが全体に広がらないことが多い。ナス科・ウリ科植物を食べ、実験下ではアザミ類やルイヨウボタンでは育成できないことがわかっている。

| テントウムシ亜科マダラテントウ族 |

ニジュウヤホシテントウ

Henosepilachna vigintioctopunctata (Fabricius, 1775)

相模原産　　宮古島産

小楯板は地色と同色

包片の中央片先端は突出する

後腿節に黒斑はない

大きさ 5.3〜6.8mm　**分布** 本州・四国・九州・対馬・南西諸島

上翅に28個の黒紋があるが、それらは融合または消失し、変異が大きい。小楯板は地色と同色。斑紋が少ない個体は、ミナミマダラテントウ(p.55)やジュウニマダラテントウ(p.53)と紛らわしいことがあり、正確な区別には♂交尾器の検鏡が必要。♂交尾器の包片の中央片は細く、先端が突出する。後腿節に黒斑はなく、一様に黄褐色。ジャガイモやナスの害虫とされる。

テントウムシ亜科マダラテントウ族

ルイヨウマダラテントウ *Henosepilachna yasutomii* Katakura, 1981

上翅先端周縁の張り出しはほとんどない

後腿節は両端の狭い範囲を除き黒色

大きさ 6.5〜7.0mm　**分布** 北海道・本州

ヤマトアザミテントウ（p.54）やエゾアザミテントウ（p.56）に酷似するが、上翅先端周縁の張り出しはほとんどなく、背面後半も盛り上がらない。後腿節は両端の狭い範囲を除き黒色。関東地方南部から中部地方南部で、ジャガイモを食草とする個体群が1952年頃に認知されはじめ、「東京西郊型エピラクナ」と呼ばれた。当時は「疑問種」とされたが、現在ではルイヨウマダラテントウとされる。このほか野外での食草として、ルイヨウボタン・クコ・ハダカホオズキ・イヌホオズキ・ハシリドコロ・タマサンゴ・ヒヨドリジョウゴ・ヤマブキソウ・トチバニンジンなどが知られる。

COLUMN

マダラテントウ類の見分け方

　草食性のマダラテントウ類の中で、ニジュウヤホシテントウ、オオニジュウヤホシテントウ、アザミテントウ類は外見での区別が難しい仲間です。ニジュウヤホシテントウの斑紋2列目は肩部より後方から流れますが（青色線）、オオニジュウヤホシテントウとアザミテントウ類では、肩部の紋からスタートしたほうがきれいに流れます。また、中央の斑紋はアザミテントウ類では融合します（黄矢印）。また、ニジュウヤホシテントウの後腿節には黒斑はなく、オオニジュウヤホシテントウはアザミテントウ類より黒斑が狭い傾向にあります。ただし、特徴には例外があるので、食草の確認も必要です。

（左から）ニジュウヤホシテントウ、オオニジュウヤホシテントウ、ヤマトアザミテントウ

テントウムシ亜科ツヤヒメテントウ族

ツマフタホシテントウ *Hyperaspis asiatica* Lewis, 1896

半円状の黄橙色紋

1対の黄橙色紋

大きさ 2.6〜3.3mm

分布 北海道・本州・四国・九州・対馬

前胸背板の両側に半円状の黄橙色紋がある。上翅は光沢の強い黒色で翅端付近に1対の黄橙色紋がある。複眼は青緑に光る。ヨモギやイラクサにつくコナカイガラムシを捕食する。あまり多くない。

テントウムシ亜科ツヤヒメテントウ族

ギョウトクテントウ *Hyperaspis gyotokui* H. Kamiya, 1963

勾玉形の紋

大きさ 2.7〜3.2mm

分布 本州・九州

♂の頭部は黄色で、♀では黒色。前胸背板の両側部に半円状の黄橙色紋がある。上翅は光沢の強い黒色で3対の黄橙色紋がある。翅端付近の紋は勾玉形。ツユクサアブラムシを捕食する。福岡県浮羽郡で採集された4頭を基に記載され、ほかに島根・広島・大分・宮崎の各県で記録がある。極めてまれ。

テントウムシ亜科ツヤヒメテントウ族

フタホシテントウ *Hyperaspis sinensis* (Crotch, 1874)

1対の黄色〜赤褐色紋

大きさ 2.0〜3.1mm

分布 北海道・本州・四国・九州・対馬

上翅は光沢の強い黒色で、中央後方に1対の黄色〜赤褐色の紋がある。小型の個体はアトホシヒメテントウ(p.68)やフタモンクロテントウ(p.19)に似るが、背面にまったく毛がないことで区別できる。コナカイガラムシを捕食する。

59

COLUMN

テントウムシに似ている生き物

　「テントウムシかと思ったらクロミジンムシダマシ(1)だった!」なんて経験、よくありますよね(笑)。

　テントウムシに似ている虫は多く存在します。ヒメテントウ類のような小さなテントウムシはよく似た小さな虫が多いので、ルーペや顕微鏡で確認するまでテントウムシとわからないこともあります。

　中にはテントウムシに擬態している虫もいます。テントウムシに擬態する虫はハムシ科やゴミムシダマシ科の仲間に多く見られます(2-4)。東南アジアにはテントウゴキブリというテントウムシに擬態したゴキブリが生息しています(5-6)。クモ類でも、アカイロトリノフンダマシやサカグチトリノフンダマシなどがテントウムシに擬態します(7-8)。

　テントウムシを触ると関節から出す、アルカロイドを含んだ黄色や赤色の液体は独特の臭いと苦みがあり、鳥などの外敵はこれを嫌います。逆にテントウムシは、あえて目立ちやすい警戒色をもち、外敵にアピールすることで身の安全を確保しています。擬態する虫たちは、そのテントウムシに姿を似せることで、外敵から身を守っているのです。

1 クロミジンムシダマシ

2 ヤマトヨダンハムシ

3 ヘリグロテントウノミハムシ

4 ミヤコクロホシテントウゴミムシダマシ

5 テントウゴキブリの1種(矢崎克己)　6 モデルのテントウムシ(矢崎克己)

7 アカイロトリノフンダマシ　8 サカグチトリノフンダマシ(とよさきかんじ)

テントウムシ亜科ベダリアテントウ族

ベダリアテントウ *Rodolia cardinalis* (Mulsant, 1850)

大きさ 3.3〜3.8mm
分布 本州・四国・九州・対馬・南西諸島

前胸背板は後縁に沿って幅広く黒色。上翅は赤色で、会合部の黒条は中央付近で広がる。幅広くて湾曲した2対の黒紋は、融合することがある。全体に黄褐色の短毛が密生する。柑橘類に壊滅的な被害を与えることもある害虫イセリアカイガラムシ(ワタフキカイガラムシ)の天敵として有名で、日本では1911年に台湾から導入され、その後定着した。

テントウムシ亜科ベダリアテントウ族

アカイロテントウ *Rodolia concolor* (Lewis, 1879)

幼虫

大きさ 3.5〜5.7mm
分布 本州・四国・九州・対馬

頭部・脚は黒褐色で、前胸背板・上翅は赤色〜赤褐色。全体に黄褐色の短毛が密生する。ワラジカイガラムシ類を捕食する。北海道でも採集されている(未発表)。

テントウムシ亜科ベダリアテントウ族

ベニヘリテントウ *Rodolia limbata* (Motschulsky, 1866)

大きさ 3.9〜5.4mm
分布 北海道・本州・四国・九州・対馬

頭部は黒色で、前胸背板は前縁・側縁が細く赤色。上翅は黒色で、周縁部と会合部が赤く縁どられる。全体に白色〜黄褐色の短毛が密生する。オオワラジカイガラムシを捕食する。

テントウムシ亜科ベダリアテントウ族

ダイダイテントウ Rodolia pumila Weise, 1892

大きさ 3.0〜3.9mm

分布 南西諸島・小笠原諸島

体は橙色〜暗赤色。全体に白色〜黄褐色の短毛が密生する。国外では台湾・中国・ミクロネシアに分布。ワタフキカイガラムシ類の天敵として知られ、パラオでは本種が生物的防除に導入されたとの報告がある。

テントウムシ亜科ベダリアテントウ族

アカヘリテントウ Rodolia rufocincta Lewis, 1896

大きさ 4.0〜5.6mm

分布 北海道・本州・四国・九州

上翅は黒色〜黒褐色で、周縁部が細く赤色。全体に白色〜黄褐色の短毛が密生する。羽化したての個体は全体に赤褐色で、アカイロテントウ(p.61)と区別がつかず、同種の可能性も示唆されている(松原, 2003)。

テントウムシ亜科ベダリアテントウ族

シュイロテントウ Rodolia shuiro Kitano, 2014

大きさ 4.0〜5.0mm

分布 南西諸島(沖縄島・石垣島・西表島・与那国島)

頭部・前胸背板・小楯板・脚は黒色。上翅は一様に赤色〜赤褐色。以前から存在は知られていたが、2014年に新種記載された。

テントウムシ亜科アミダテントウ族

アミダテントウ *Amida tricolor* (Harold, 1878)

前胸背板に3個の黒紋

大きさ 4.0〜4.6mm

分布 本州・四国・九州・南西諸島(石垣島)

前胸背板の地色は黄褐色で、中央と側方に計3個の黒紋がある。上翅は赤褐色の地色に3対の黒紋があり、その間に黄色紋がある。中央の黒紋はU字状だが、2個に分離することがある。アオバハゴロモの幼虫などを補食する。2015年に台湾亜種 *A. tricolor formosana* が、石垣島で複数採集された。その特徴は、前胸背板中央の黒紋が小さいか消失し、側方の黒紋を欠く。上翅の黄色紋は大きい。

石垣島産
台湾亜種

側方の
黒紋はない

台湾産
台湾亜種

COLUMN

アミダテントウのアミダは阿弥陀如来

　ジョージ・ルイスという人は、日本の初期甲虫分類に大きく貢献した人物で、昆虫に深くかかわっている人にはよく知られています。和名に「ルイス」とつく虫もたくさんいます。そのルイスが1896年、アミダテントウに阿弥陀如来に奉献した「Amida」という属名を与えました。和名は後に属名に準拠する形でつけられました。確かに、アミダテントウを見つめていると、神々しくたたずむ阿弥陀如来が見えてくる気がします。

ベダリアテントウ族

アミダテントウ族

テントウムシ亜科ヨツボシテントウ族

ヨツボシテントウ *Phymatosternus lewisii* (Crotch, 1874)

本州産♂　♂は黄色

九州産♂

黒化型♀

異常型♂

大きさ 2.9〜3.7mm

分布 本州・四国・九州・対馬

♂の頭部は黄色で、♀では黒色。上翅は赤褐色で、周縁部と会合部が黒く縁どられ、2対の黒紋がある。黒紋間がやや黄色くなる個体があり、九州産では発色がより強い。まれに小楯板脇に小赤紋を残して黒化することがある。ケヤキの樹皮下などで越冬する。

移 テントウムシ亜科ヨツボシテントウ族

モンクチビルテントウ *Platynaspidius maculosus* (Weise, 1910)

♀の頭部は黒色

2対の黒紋は大きく横長

東京や神奈川では近年、増加している

大きさ 2.3〜3.0mm

分布 本州・九州・南西諸島

♂の頭部は黄色で、♀では黒色。斑紋はヨツボシテントウに似るが、2対の黒紋は大きく横長。全体に白色の毛が密生する。1998年に沖縄で記録され、急速に分布を広げている移入種。ケヤキの樹皮下などで越冬する。

テントウムシ亜科ダエンメツブテントウ族

クロジュウニホシテントウ *Plotina versicolor* Lewis, 1896

前胸背板中央後方に横長の黒紋

1-2½-1½の黒紋

大きさ 2.4〜3.5mm

分布 本州・四国・九州

前胸背板中央後方に横長の黒紋がある。前翅は黄褐色と赤褐色のまだらな地色に黒紋が1-2½-1½に並ぶ。神奈川県伊勢原市大山で得られた5個体を基に1896年に新種記載された。カシ類など常緑広葉樹の樹幹上で活動していると考えられ、目につきにくいテントウである。

COLUMN

ヒメテントウ類の奥深さ

　日本に生息するテントウムシはおよそ180種ですが、そのうちヒメテントウ族は70種で、全体の約40％を占めます。外見での区別が難しく、交尾器の形状で判断すべき種も少なくありません。日本未記録、または未記載種と思われる種も少なくありません。ヒメテントウ族を含む小型種の同定は非常に難しく、似た昆虫も多く存在します。本書では一般的によく見られる種と斑紋で区別ができるものが中心で、すべてを紹介することはできておりません。

　交尾器以外では、被毛の流れや長さ、脚や触角の色、触角の節の数、前胸腹板突起の形状、腿節線の長さやその内側の点刻など様々な比較点を確認しなければいけないヒメテントウは奥が深く、筆者もまだまだ勉強中ですが新たな発見も多く、「だからこそ楽しい」と思っています。

小型のテントウムシに似たマルテントウダマシの仲間（体長1.5mm）

テントウムシ亜科ヒメテントウ族

フタスジヒメテントウ *Horniolus fortunatus* (Lewis, 1896)

上翅被毛の流れはほぼまっすぐ

2対の波形の赤紋

大きさ 3.0〜3.2mm

分布 北海道・本州・四国・九州

頭部は赤褐色。前胸背板は暗赤色〜黒色。上翅被毛の流れはほぼまっすぐで、2対の波形の赤紋がある。朽木や立ち枯れ、FIT（衝突板トラップ）で採集される。生態はよくわかっていない。

テントウムシ亜科ヒメテントウ族

キュウシュウフタスジヒメテントウ *Horniolus kyushuensis* Miyatake, 1963

前胸背板は前縁から側縁にかけて幅狭く黄褐色

黄褐色斑は弱い波形

大きさ 2.2〜2.4mm

分布 九州（南部）

体形は細長く、前胸背板は前縁から側縁にかけて幅狭く黄褐色。上翅被毛は黒色と黄色で、ほぼまっすぐに流れる。上翅にある2対の黄褐色斑は、弱い波形。脚は黄褐色。近縁のアマミフタスジヒメテントウ *H. amamensis* が奄美大島に分布し、体形はやや太い。

テントウムシ亜科ヒメテントウ族

オキナワフタスジヒメテントウ

Horniolus okinawensis Chûjô & Miyatake, 1963

大きさ 1.9〜2.6mm

分布 南西諸島(沖縄島)

頭部・前胸背板・脚は赤褐色。上翅被毛は黄色と黒色で、ほぼまっすぐに流れる。2対の黄紋は前方が「Y」字状で、後方は「く」の字状。

テントウムシ亜科ヒメテントウ族

オシマヒメテントウ

Nephus (Bipunctatus) oshimensis Sasaji, 1976

上翅被毛の流れはゆるやかなS字状

上翅中央後方に1対の赤紋

大きさ 1.4〜2.0mm

分布 本州

触角は9節。頭部・口器・触角は橙褐色。上翅中央後方に1対の赤紋があり、その赤紋の前縁は翅の中央を越える。背面被毛の流れはゆるやかなS字状。各脚は、腿節が♂では橙褐色、♀では褐色〜暗褐色で先端が淡色。近似種が存在し、区別には♂交尾器の検鏡が必要。サイフォ先端部は二又し、その先の膜質部に細長い骨片をそなえる。包片の中央片は側片を越える。和名は最初に発見された福井県雄島に因む。交尾器の図はp.78。

テントウムシ亜科ヒメテントウ族

シコクフタホシヒメテントウ
Nephus (Geminoshipho) shikokensis Kitano, 2008

♂には大きな黒紋

幅狭く橙色

大きさ 1.4〜1.7mm　**分布** 本州・四国・九州

前胸背板は、♂では橙色で中央に大きな黒紋がある。♀では全体が黒色。上翅は翅端前方に橙色紋が1対あり、この紋は扇を逆さにしたような形で、前縁と内縁は断裁状。左右の紋が融合してハート形になる個体もいる。上翅後縁は幅狭く橙色。タケ・ササ類などで見られる。

テントウムシ亜科ヒメテントウ族

アトホシヒメテントウ
Nephus (Nephus) phosphorus (Lewis, 1896)

被毛は密生しゆるやかなS字状

大きさ 1.7〜2.3mm

分布 北海道・本州・四国・九州・対馬

触角は10節。頭部・口器は暗黒褐色。前胸背板は黒色。上翅中央後方に1対の赤紋があるが、紋の前端が中央を越えることもあるので、近似種との区別には注意が必要。上翅被毛は密生し、ゆるやかなS字状に流れる。脚は黒〜褐色。

上翅中央後方に1対の赤紋

68

テントウムシ亜科ヒメテントウ族

リュウグウヒメテントウ

Nephus (Nephus) ryuguus
(H. Kamiya, 1961)

被毛の流れが合流

大きさ 1.7〜2.2mm
分布 八丈島・南西諸島（奄美大島・徳之島・沖永良部島・沖縄島・宮古島）

上翅中央よりやや後方に黄色〜橙色の紋が1対ある。被毛は内方ではゆるやかなS字状に流れるが、側方では異なった流れがあり、後半で合流する。

テントウムシ亜科ヒメテントウ族

リュウキュウナガヒメテントウ

Nephus (Nephus) ryukyuensis
Sasaji, 1971

脚は黄褐色

上翅に1対の黄褐色紋

大きさ 1.8〜2.1mm
分布 南西諸島（奄美諸島・沖縄島・八重山諸島）

体形は細長く、上翅に1対の黄褐色紋がある。この紋はやや四角いものから丸いものまで変異がある。脚は黄褐色。

| テントウムシ亜科ヒメテントウ族 | |

ヨツモンヒメテントウ *Nephus (Nephus) yotsumon* (H. Kamiya, 1961)

上翅に2対の小さい赤紋

斑紋が消失した個体もいる

大きさ 1.9〜2.1mm **分布** 本州・四国・九州

頭部・脚・前胸背板は黒色。上翅中央よりやや前方と、翅端より前に2対の小さな赤紋がある。この紋の大きさには変異があり、ほとんど消失する個体もいる。上翅被毛は密生し、ゆるやかなS字状に流れる。冬季、ケヤキの樹皮下から多数得られることがわかってから記録が増えた。

| テントウムシ亜科ヒメテントウ族 | |

セスジヒメテントウ *Nephus (Sidis) levaillanti* (Mulsant, 1850)

♀では黒いことが多い

縦長の大きな黄紋が1対

大きさ 1.5〜1.9mm **分布** 北海道・本州・四国・九州

体形は縦長。頭部・脚は黄色。前胸背板は♂では赤く、♀では黒いことが多い。上翅には縦長の大きな黄紋が1対ある。上翅被毛の流れはゆるやかなS字状。上翅後縁は幅狭く橙色。河川敷などの草原や湿地環境で見られる。

テントウムシ亜科ヒメテントウ族

ニセセスジヒメテントウ *Nephus (Sidis) tagiapatus* (H. Kamiya, 1965)

脚は黄色

逆三角形の黒色部

大きさ 1.3〜1.8mm
分布 南西諸島（宮古島・石垣島・西表島）

前胸背板は橙色。上翅は黄褐色で、小楯板と会合部に沿った逆三角形の黒色部がある。上翅被毛の流れはゆるやかなS字状。脚は黄色。

テントウムシ亜科ヒメテントウ族

ハレヤヒメテントウ *Sasajiscymnus hareja* (Weise, 1879)

脚は黄色

大きさ 1.9〜2.5mm
分布 北海道・本州・四国・九州

頭部・前胸背板は橙色。上翅中央には1対の橙色紋がある。この紋の大きさには変異があり、上翅のほぼ全体まで広がる個体もいる。上翅後縁は橙色で、翅端付近で最も幅広い。上翅被毛の流れは、内方で非常にゆるやかなS字状だが、側方ではほぼまっすぐ。脚は黄色。カイガラムシ類の天敵とされる。

上翅中央に1対の橙色紋

テントウムシ亜科ヒメテントウ族

オオツカヒメテントウ *Sasajiscymnus ohtsukai* Sasaji, 1982

脚は黄色

被毛の流れは
ほぼまっすぐ

大きさ 1.5〜1.6mm

分布 本州・四国・九州

頭部は赤褐色で、脚は黄色。前胸背板は前縁から側縁にかけて狭く橙色。上翅は中央後方にハート形の橙色紋があり、後縁は幅狭く橙色。上翅被毛の流れはほぼまっすぐ。イチイガシの葉裏で越冬する。

上翅中央後方にハート形の橙色紋

テントウムシ亜科ヒメテントウ族

クビアカヒメテントウ *Sasajiscymnus sylvaticus* (Lewis, 1896)

被毛の流れは
ゆるやかなS字状

大きさ 2.3〜2.7mm

分布 本州・四国・九州・対馬

頭部・前胸背板・脚は赤色。上翅は黒色で、後縁は幅広く橙色。上翅被毛は密生し、ゆるやかなS字状に流れる。似た色彩のヒメテントウはほかにもいるが、本種の腿節線は不完全。幼虫がアブラムシのゴールの中で生育することが知られる。

上翅後縁は幅広く橙色

テントウムシ亜科ヒメテントウ族

ババヒメテントウ *Scymnus (Neopullus) babai* Sasaji, 1971

♂は前胸背板の黒色部が狭い
脚は黄色

大きさ 1.8〜2.5mm　**分布** 北海道・本州・四国・九州・対馬

体形は縦長。頭部は橙色で、前胸背板の黒色部は♂のほうが狭いが例外もある。上翅は黒色で、後縁が幅狭く橙色。被毛の流れは強いS字状。脚は黄色。河川敷などの湿地環境で多く見られる。

テントウムシ亜科ヒメテントウ族

クロヘリヒメテントウ *Scymnus (Neopullus) hoffmanni* Weise, 1879

被毛の流れは強いS字状

大きさ 1.5〜2.3mm
分布 北海道・本州・四国・九州・南西諸島

頭部は橙色。前胸背板は前縁から側縁にかけて幅狭く橙色。上翅には縦長の赤紋が1対あり、被毛の流れは強いS字状。この赤紋の範囲や濃淡には変異があり、まれに完全に黒化した個体もいる。腿節線は完全で、腿節線内は細かな点刻を密に散布する。河川敷などの湿地環境で見られる。交尾器の図はp.78。近縁のカバイロヒメテントウ *S. (Neopullus) fuscatus* の上翅被毛は黄色味を帯び、ややゆるやかなS字状に流れる。腿節線は完全で、腿節線内は本種より大きい点刻が散布される。

テントウムシ亜科ヒメテントウ族

オトヒメテントウ *Scymnus (Neopullus) otohime* H.Kamiya, 1961

上翅の点刻は粗い

長卵形の赤い斑紋は消失する個体もいる

大きさ 1.4〜1.6mm

分布 北海道・本州・四国・九州・対馬

頭部・前胸背板は黒色。上翅中央後方からやや外寄りに長卵形の赤い斑紋が1対あるが、この紋がほとんど消失した個体もいる。上翅の点刻は粗く、被毛の流れはほぼまっすぐで、翅端付近で外側へ流れる。脚は黒色〜褐色。クリイガアブラムシを捕食することが知られる。冬季はケヤキの樹皮下などで見られる。

テントウムシ亜科ヒメテントウ族

オニヒメテントウ *Scymnus (Pullus) giganteus* H. Kamiya, 1961

被毛の流れは複雑な波状

大きさ 2.8〜3.5mm

分布 本州・四国・九州・対馬

頭部・前胸背板は黒色。上翅は黒色で短い毛が密生し、その流れは複雑な波状。脚は褐色〜黒色。マツ類やネズで見られる。

74

テントウムシ亜科ヒメテントウ族

カグヤヒメテントウ *Scymnus (Pullus) kaguyahime* H. Kamiya, 1961

脚は黄色

上翅は黒色で、1対の縦長の赤紋

大きさ 1.5〜1.9mm
分布 本州・四国・九州

頭部は暗赤色で前胸背板は黒褐色。上翅は黒色で、縦長の赤紋が1対ある。上翅被毛の流れはほぼまっすぐで、後方で外側へ流れる。脚は黄色。

テントウムシ亜科ヒメテントウ族

カワムラヒメテントウ *Scymnus (Pullus) kawamurai* (Ohta, 1929)

被毛の流れは強いS字状

大きさ 1.8〜2.6mm
分布 北海道・本州・四国・九州・対馬

頭部は橙色。前胸背板は前縁から側縁にかけて狭く橙色だが、変異がある。上翅は黒色で、後縁が幅狭く橙色。被毛の流れは強いS字状。前胸腹板突起は前方へ向かって狭まる。腿節線は完全で細かな点刻が散らばる。脚は橙色〜黄褐色。似た色彩のヒメテントウが多いので、区別には注意を要する。サイフォ先端は「く」の字に曲がり、細長い糸状付属片をそなえる。包片の側片は中央片を越える。交尾器の図はp.79。

前胸腹板突起は前方に向かって狭まる　　腿節線は完全

テントウムシ亜科ヒメテントウ族

タイラヒメテントウ *Scymnus (Pullus) latemaculatus* Motschulsky, 1858

大きさ 1.8～2.1mm

分布 南西諸島(沖縄島・渡名喜島)

頭部・前胸背板は黒色。上翅には2対の赤紋が逆「ハ」の字に並び、後縁は非常に幅狭く橙色。被毛の流れはほぼまっすぐだが、会合線付近では側方に流れる。脚は橙色。腿節線は完全。斑紋の似たハマベヒメテントウ *S. (Scymnus) marinellus* は腿節線が不完全であることで区別できる。サッポロヒメテントウ *S. (Pullus) sapporensis* も本種に似るが、原記載の1頭以降記録がなく、ホロタイプも詳細を調べられないほど状態が悪い(Kamiya, 1961)。今後、再発見が期待される。交尾器の図はp.78。

腿節線は完全

テントウムシ亜科ヒメテントウ族

コクロヒメテントウ *Scymnus (Pullus) posticalis* Sicard, 1914

橙色部は弧状に張り出す

大きさ 1.9～2.8mm

分布 北海道・本州・四国・九州

♂の頭部は橙色で、♀では黒色。前胸背板は前縁と側縁が非常に幅狭く橙色。上翅には短い毛が密生し、S字状に流れる。上翅後縁の橙色部は前方に向かって弧状に張り出す。脚は橙色。腿節線は完全だが、まれに不完全な個体もあり、似た色彩のヒメテントウとの区別には注意を要する。腿節線内の点刻は後方に向かって少なくなる。交尾器の図はp.79。

腿節線は完全だが、まれに不完全な個体もいる

テントウムシ亜科ヒメテントウ族

アラキヒメテントウ *Scymnus (Pullus) puellaris* M. Araki, 1964

脚は黄褐色

前胸腹板の縦隆線は平行

大きさ 1.5〜1.7mm
分布 本州・九州

頭部は暗褐色。前胸背板は前縁から側縁が非常に幅狭く暗褐色。上翅は、被毛の流れはゆるやかなS字状で、後縁は非常に幅狭く橙色。脚は黄褐色。腿節線は完全で、腿節線内は粗大な点刻が前方に散らばる。前胸腹板の縦隆線は広く隔てられ平行。交尾器の図はp.78。

テントウムシ亜科ヒメテントウ族

クロスジヒメテントウ *Scymnus (Scymnus) nubilus* Mulsant, 1850

腿節線は不完全

大きさ 2.0〜2.2mm
分布 北海道・本州・四国・九州

頭部前半は橙色。前胸背板は前縁から側縁にかけて幅狭く橙色。上翅は、被毛の流れはゆるやかなS字状で、縦長の赤紋が1対ある。この紋の大きさや形には変異がある。斑紋のよく似たクロヘリヒメテントウやカバイロヒメテントウとは、本種の腿節線が不完全であることで区別できる。

上翅に1対の縦長の赤紋

テントウムシ亜科ヒメテントウ族

トビイロヒメテントウ *Scymnus (Scymnus) paganus* (Lewis, 1896)

全体が黄褐色〜赤褐色

上翅被毛の流れはゆるやかなS字状

大きさ 2.2〜2.7mm
分布 北海道・本州・四国・九州

全体が黄褐色〜赤褐色。上翅被毛の流れはゆるやかなS字状。腿節線は不完全。幼虫で越冬する。

ヒメテントウ類の♂交尾器

オシマヒメテントウ
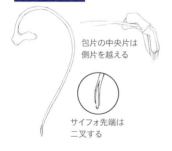
包片の中央片は側片を越える
サイフォ先端は二叉する

クロヘリヒメテントウ

包片の中央片は側片より長い
糸状突起がある

タイラヒメテントウ
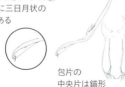
サイフォは先端手前に角状突起があり、先端部に三日月状の突起がある
包片の中央片は錨形

アラキヒメテントウ

サイフォ先端には2枚の膜状付属片がある
包片の側片は中央片を越える

テントウムシ亜科ヒメテントウ族

ツシマクロヒメテントウ *Scymnus (Scymnus) tsushimaensis* Sasaji, 1970

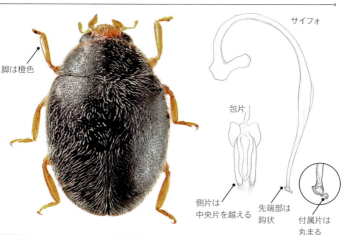

脚は橙色
サイフォ
包片
側片は中央片を越える
先端部は鉤状
付属片は丸まる

大きさ 2.1〜2.5mm　**分布** 本州・対馬・九州

頭部は橙色。前胸背板は前縁から側縁が幅狭く橙色。上翅は後縁が非常に幅狭く橙色。上翅被毛は長くまばらで、強いS字状に流れる。脚は橙色。類似の斑紋を持つ種の中で、腿節線が不完全であることが本種の特徴。しかし、コクロヒメテントウ(p.76)にも腿節線が不完全な個体がまれに出現するので、毛の長さと密度、翅端の橙色部の形を確認すべきである。♂交尾器のサイフォは中間部で膨らみ、先端が鉤状で、その先の付属片は丸まる。包片の側片は中央片を越える。筆者が確認した個体は東京都・静岡県・大分県産で、サイフォ先端部が鉤状である点など、対馬産で書かれた本種の原記載と一致しない点があり、今後も研究が必要。

コクロヒメテントウ

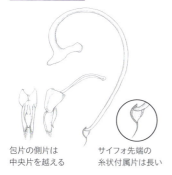

包片の側片は中央片を越える
サイフォ先端の糸状付属片は長い

カワムラヒメテントウ

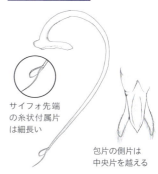

サイフォ先端の糸状付属片は細長い
包片の側片は中央片を越える

テントウムシ亜科ダニヒメテントウ族

ハダニクロヒメテントウ *Stethorus (Stethorus) pusillus* (Herbst, 1797)

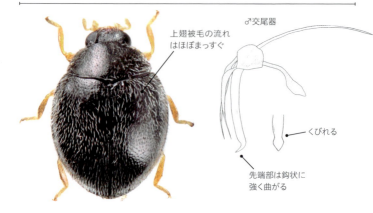

上翅被毛の流れはほぼまっすぐ

♂交尾器

くびれる

先端部は鈎状に強く曲がる

大きさ 1.2〜1.5mm　**分布** 北海道・本州・四国・九州

頭部・前胸背板・上翅は黒色。上翅被毛の流れはほぼまっすぐ。脚は黄色。♂交尾器は、包片の中央片が側片よりわずかに長く、先端手前でくびれる。先端部は側面から見て鈎状に強く曲がる。農業害虫であるハダニ類の天敵として知られる。特徴の似たキアシクロヒメテントウ *S. japonicus* では、頭楯が♂では黄色〜黄褐色で、♀ではその範囲が狭くなる。また♂交尾器の包片の中央片が、側片より明らかに長く、先端は膨らまない。先端部は側面から見て、ゆるやかに上に反る。このほかにも外見のよく似たテントウがいるので区別には注意を要する。

COLUMN

一度は採りたい！キアシクロヒメテントウ

ダニヒメテントウ属（*Stethorus*）は日本からは5種が知られており、その中のキアシクロヒメテントウには2種含まれていることがわかりました。それがハダニクロヒメテントウです。この属の分布調査で、全国97地点から採集された551個体のうち、75.2%がハダニクロヒメテントウであったという結果があります。

筆者は、キアシクロヒメテントウを採集したことがありません。解剖しても解剖してもハダニクロヒメテントウばかりなのです。いつになったら出会えるんだっ！

キアシクロヒメテントウの包片の中央片と側片

| 移 | テントウムシ亜科メツブテントウ族 |

ケブカメツブテントウ *Jauravia limbata* Motschulsky, 1858

白色の毛が密生

上翅は黒褐色で、周縁部は黄褐色

大きさ 1.8〜2.6mm
分布 南西諸島（沖縄島）

頭部・前胸背板は黄褐色。上翅は黒褐色で、周縁部は黄褐色。白色の毛が密生する。国内では沖縄島で1988年に初めて採集され、現在は同島に広く見られる。台湾・中国・ベトナム・タイ・インド・スリランカに分布する。

| テントウムシ亜科メツブテントウ族 |

クロヘリメツブテントウ *Sticholotis hilleri* Weise, 1885

点刻列

頭部・前胸背板は暗赤色

上翅に3対の黒紋と2対の黄紋

イチイガシの樹皮下にいた成虫

大きさ 3.2〜3.3mm
分布 本州

頭部・前胸背板は暗赤色。上翅は周縁部と会合部が黒く縁どられ、明瞭な3対の黒紋と、2対の黄紋がある。会合部近くの中央部には強い点刻からなる2〜4点刻列がある。イチイガシの樹皮下で越冬する。

13 ダニヒメテントウ族
14 メツブテントウ族

81

テントウムシ亜科メツブテントウ族
モリモトメツブテントウ *Sticholotis morimotoi* H. Kamiya, 1965

| 大きさ | 1.6〜2.2mm |
| 分布 | 南西諸島 |

体形は丸く、黒色の上翅に2対の赤紋があり、この紋の大きさには変異がある。点刻列はない。夜間に樹幹上で活動することが知られる。

テントウムシ亜科メツブテントウ族
ムツボシテントウ *Sticholotis punctata* Crotch, 1874

| 大きさ | 2.0〜2.6mm |
| 分布 | 本州・四国・九州・対馬 |

頭部は赤褐色。前胸背板は前縁と側縁に細い赤褐色部を残して黒色。上翅は橙色〜赤色で、6個の黒紋がある。点刻列はない。少なくとも国内では♂は未発見で、単為生殖していると思われる。日中は樹皮下などに潜み、夜間に樹幹上で活動することが知られる。

テントウムシ亜科メツブテントウ族
メツブテントウ *Sticholotis substriata* Crotch, 1874

点刻列

| 大きさ | 2.7〜3.0mm |
| 分布 | 本州・四国・九州・対馬 |

頭部は暗赤色。前胸背板は、後縁中央の黒紋を除き暗赤色。上翅は会合部が黒く縁どられ、2対の黒紋と、後方に横長の黒紋がある。会合部近くの中央部には強い点刻からなる2〜3点刻列がある。

テントウムシ亜科チビクチビルテントウ族
ナガサキクロテントウ *Telsimia nagasakiensis* Miyatake, 1978

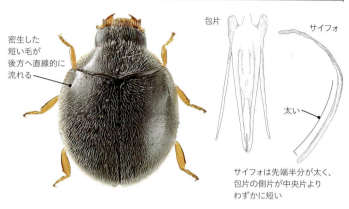

密生した短い毛が後方へ直線的に流れる

包片 / サイフォ / 太い

サイフォは先端半分が太く、包片の側片が中央片よりわずかに短い

大きさ 1.5〜1.8mm　**分布** 本州・九州・対馬

口器・触角は黄褐色。頭楯は飴色で透明度が高く、基部が黒色。上翅は黒色で、密生した短い毛が後方へ直線的に流れる。脚は腿節を含め黄褐色。

テントウムシ亜科チビクチビルテントウ族
クロテントウ *Telsimia nigra* (Weise, 1879)

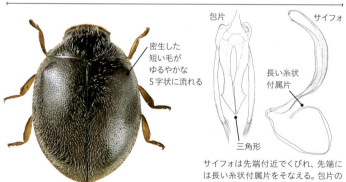

密生した短い毛がゆるやかなS字状に流れる

包片 / サイフォ / 長い糸状付属片 / 三角形

サイフォは先端付近でくびれ、先端には長い糸状付属片をそなえる。包片の中央片は側片より短く、先端は三角形

大きさ 1.5〜2.1mm　**分布** 北海道・本州・四国・九州・対馬・南西諸島

口器・触角は黒褐色〜黒色。頭楯は前縁が幅狭く橙色。上翅は黒色で、密生した短い毛がゆるやかなS字状に流れる。腿節は黒か黒褐色だが、ときに赤褐色。脛節と跗節はより淡色。

14 メツブテントウ族
15 チビクチビルテントウ族

テントウムシ亜科チビクチビルテントウ族

シセンクロテントウ *Telsimia sichuanensis* Pang et Mao, 1979

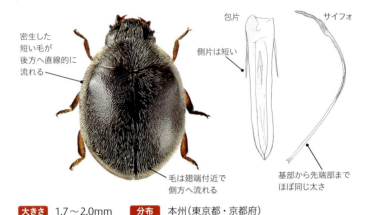

密生した短い毛が後方へ直線的に流れる

毛は翅端付近で側方へ流れる

包片
側片は短い

サイフォ
基部から先端部までほぼ同じ太さ

大きさ 1.7～2.0mm　**分布** 本州(東京都・京都府)

口器・触角は褐色〜黒色。頭楯は半透明で暗褐色。上翅は黒色で、密生した短い毛が後方へ直線的に流れ、翅端付近で側方へ流れる。脚は腿節が黒色で、脛節と跗節はより淡色。2018年に日本初記録として報告された。

COLUMN

ムツボシテントウは単為生殖

♀ばかり見つかるムツボシテントウ

　ムツボシテントウ(p.82)の♂は国内では見つかっておらず、♀のみで単為生殖していると考えられています。筆者もたくさんの個体を解剖しましたが、いずれも♀ばかりでした。このような事例は昆虫では珍しいことではなく、例えば日本国内のヤサイゾウムシも♀のみの単為生殖で増えます。ナナフシモドキも単為生殖ですが、♂が日本では10頭ほど見つかっています。中国の図鑑には、ムツボシテントウの♂と交尾器の写真が図示されており、初めて見たときは「これが♂か!」と感動しました(ちなみに、外見は♀とまったく同じです)。どなたか、日本で♂を見つけてください!

用語の解説

【亜種】 生物の分類区分で、種の下の階級。種内で特徴の異なるものが地理的に分かれている場合に、そのそれぞれに命名したもの。

【遺伝的斑紋多型】 同一種に、遺伝子の組み合わせによって決まる複数の斑紋パターンが存在すること。

【移入種（外来種）】 本来の分布域ではない場所に人為的（故意を含む）に進入した種。または近年になって自然に分布を広げたもの。

【型】 斑紋の変異パターンなど、種内で特徴が不連続に異なっているものの、それぞれを示す。

【擬態】 攻撃または身を守るために、色や形などをほかの虫や植物に似せること。

【検鏡】 顕微鏡を使って調べること。

【交雑】 遺伝的に異なるもの同士の交配。

【ゴール】 虫こぶ。様々な寄生生物の寄生により、植物が異常な発達を起こしてできるこぶ状の突起。

【山地性】 平地に対比する高い地域に生息すること。気候なども関係しており、関東では山地性でも北海道では平地に産するということもある。

【湿地性】 冠水して定期的に水におおわれる場所に生息すること。

【樹上性】 樹木に生息すること。餌となる生き物が樹木に依存している場合が多い。

【食草】 餌となる植物。

【生物的防除】 農業・園芸において、加害する病害虫の天敵を導入し、病害虫密度を下げる防除法のこと。

【単為生殖】 ♀のみで子を作ること。

【暖地性】 暖かい地域に生息すること。

【点刻】 体の細かな穴状の表面構造。

【年2化】 1年に2世代をくり返すこと。1年に1世代なら年1化、3世代なら年3化。

【被毛の流れ】 本書では上翅をおおう毛の向きを示す。

【変異】 同種の個体間で見られる斑紋など形質の相違。環境的変異と遺伝的変異がある。典型的な変異を「〇〇型」と表すことがある。

【ホロタイプ】 種が記載されたときに指定された、基準となる標本。

【名義タイプ亜種】 種のホロタイプが属する亜種で、その亜種名には種小名と同じ名が使われる。

被毛の流れがS字状になっている（クロヘリヒメテントウ p.73も参照）

参考文献

- Araki, M., 1961. A new lady beetle from Japan, closely related to *Vibidia duodecimguttata* Poda (Coleoptera : Coccinellidae). Scientific Reports of Kyoto Prefectural University (Natural Science and Living Science), 3(3)A: 153-154.
- Bouchard, P., Y. Bousquet, A. E. Davies, M.A. Alonso-Zarazaga, J. F. Lawrence, C. H. C. Lyal, A. F. Newton, C. A. M. Reid, M. Schmitt, S. A. Ślipiński, & A. B. T. Smith, 2011. Family-group names in Coleoptera (Insecta). Zookeys, (88): 1-972.
- 平井剛夫・平井克男, 2000. クロヘリヒメツブテントウの越冬場所について. 甲虫ニュース, (130): 13-14.
- 平野幸彦, 2004. コウチュウ目. 神奈川昆虫談話会編, 神奈川昆虫誌, pp. 335-835. 神奈川昆虫談話会, 小田原.
- 伊藤ふくお・古山 暁, 2017. 速報 奈良県のムネアカオオクロテントウ. ならがしわ, (172): 1-2.
- 伊藤 淳・阪本優介・歳清勝晴, 2018. 日本初記録のシセンクロテントウ(新称)を含む本州産チビクチビルテントウ属3種の記録. さやばねニューシリーズ, (29): 13-16.
- Kamiya, H., 1961a. A revision of the tribe Scymnini from Japan and the Loochoos (Coleoptera: Coccinellidae), Part 1. Journal of the Faculty of Agriculture, Kyushu University, 11(3): 275-301, pl.38.
- Kamiya, H., 1961b. A revision of the tribe Scymnini from Japan and the Loochoos (Coleoptera: Coccinellidae), Part 2. Journal of the Faculty of Agriculture, Kyushu University, 11(3): 303-330, pl.39.
- 片倉晴雄, 2014. エピラクナ研究最近の進展. 昆虫と自然, 49(1): 2-4.
- 菊田尚吾・藤山直之, 2014. アザミを食草とする2種のテントウ-北海道内の分布と食性の地理変異-. 昆虫と自然, 49(1): 20-23.
- Kitano, T., 2014a. A new species of the genus *Rodolia* Mulsant, 1850 from Japan (Coleoptera: Coccinellidae: Ortaliinae). Studies and Reports Taxonomical Series, 10(1): 109-111.
- Kitano, T., 2014b. Taxonomic notes on the genus *Egleis* Mulsant, 1850 and a description of a new subgenus in the genus *Illeis* Mulsant, 1850 (Coleoptera: Coccinellidae). Studies and Reports Taxonomical Series, 10(2): 489-494.
- 金 鐘国・森本 桂, 1987. 日本新記録のテントウムシ*Rhyzobius forestieri*とその生態. 日本昆虫学会第47回大会講演要旨: 35.
- 金 鐘国・森本 桂, 1995. ハラアカクロテントウムシ*Rhyzobius forestieri* (Mulsant)の生態に関する研究 (コウチュウ目: テントウムシ科). 九州大学農学部学芸雑誌, 50(1/2): 45-50.
- 岸本英成・望月雅俊・北野峻伸, 2013. 日本国内におけるハダニクロヒメテントウ(新称) *Stethorus pusillus* (Herbst) の再発見およびキアシクロヒメテントウ*Stethorus japonicus* H. Kamiyaとの区別点. 日本応用動物昆虫学会誌, 57(1): 47-50.
- 岸本英成・北野峻伸, 2017. ハダニクロヒメテントウおよびキアシクロヒメテントウ(コウチュウ目: テントウムシ科)の北海道から九州における発生状況. 日本応用動物昆虫学会誌, 61(1): 28-31.
- 黒澤良彦・久松定成・佐々治寛之編, 1985. 原色日本甲虫図鑑(Ⅲ). x + 500pp. 保育社, 大阪.
- Li, C. S. & E. F. Cook, 1961. THE EPILACHNINAE OF TAIWAN. Pacific Insects, 3(1): 31-91.
- 松原 豊, 2003. 東京都のテントウムシ科. LEPTALINA, (151-156): 621-644.
- 松本英明・堀 繁久・佐々木恵一・柏崎 昭, 2012. 北海道のテントウムシ科. jezoensis, (38): 39-76.
- 松本和馬, 2014. 分布域南部のルイヨウマダラテントウの食性集団. 昆虫と自然, 49(1): 16-19.
- 松本 圭・小林憲生, 2014. オオニジュウヤホシテントウ種群の種分化-「エピラクナ問題」の現在-. 昆虫と自然, 49(1): 24-27.
- 松本宣仁, 2007. 外来種フタモンテントウの日本における生態に関する研究. 近畿大学大学院農学研究科 博士学位論文(未公刊).
- 丸山宗利・大野 豪, 2011. 沖縄県におけるカタボシテントウ*Coelophora inaequalis* (Fabricius, 1775) の記録. 昆蟲(ニューシリーズ), 14(2): 112-115.
- 松本信弘・横井春郎・河野真治・舟久保太一・豊嶋悟郎, 2000. 山梨および長野県境付近で発生が確認されて以来3年が経過したインゲンテントウの分布. 関東東山病害虫研究会報, (47): 141-143.

- Miyatake, M., 1978. The genus *Telsimia* Casey of Japan and Taiwan (Coleoptera: Coccinellidae). Transactions of the Shikoku Entomological Society, 14(1-2): 13-19.
- 中村寛志・白鳥晋矢・江田慧子・Filadelfo Guevara Chavez, 2014. インゲンテントウの原産地と侵入先における生態の比較. 昆虫と自然, 49(1): 8-11.
- 中野　進, 2014. 島嶼部のエピラクナの知見. 昆虫と自然, 49(1): 5-7.
- 日本環境動物昆虫学会編, 2009. テントウムシの調べ方. 148pp. 文教出版, 大阪.
- 西原洋樹・松野茂富, 2017. 和歌山県でムネアカオオクロテントウを採集. KINOKUNI, (92): 15-16.
- 野田正美・今坂正一, 1989. 長崎市でギョウトクテントウを採集. 月刊むし, (223): 41-42.
- 大貝秀雄, 2016. 南大東島で採集されたミカンカメノコハムシ, チュウジョウテントウおよびその他の昆虫. 月刊むし, (550): 29-30.
- Ohta, Y., 1929. Scymninen Japans. Insecta Matsumurana, 4(1-2): 1-16.
- Pang, X. F. & J. L. Mao, 1979. Coleoptera: Coccinellidae(Part 2). Economic insect fauna of China (14). 170 pp. Science Press, Beijing. (In Chinese.)
- Ramírez, J., G. González, & Y. Sánchez, 2017. First record of *Cheilomenes sexmaculata* (Fabricius, 1781) (Coleoptera, Coccinellidae) from Colombia. Check List, 14(1): 77-80.
- 齋藤琢巳・春澤圭太郎・初宿成彦, 2016. 大阪府における *Synona* 属のテントウムシの記録. 月刊むし, (539): 46-47.
- Sasaji, H., 1971. Fauna Japonica: Coccinellidae (Insecta: Coleoptera). 340pp. Academic Press of Japan, Tokyo.
- Sasaji, H., 2005. Additional revision of the Tribe Chirocorini (Coleoptera, Coccinellidae) of Japan. Elytra, Tokyo, 33(1): 61-68.
- 佐々治寛之, 1976. 福井県雄島の昆虫相. 福井大学教育学部紀要 第2部 自然科学, 26(2): 27-57.
- 佐々治寛之, 1992. 日本から最近新しく追加さ)れたテントウムシ類. 甲虫ニュース, (100): 10-13.
- 佐々治寛之, 1994. 池の河内湿原(福井県敦賀市)におけるアラキシロホシテントウの発見とその同定. 福井虫報, (14): 29-31.
- 佐々治寛之, 1997. 福井県のヒメテントウ類覚え書 (1). 福井虫報, (20): 25-33.
- 佐々治寛之, 1998a. 福井県のヒメテントウ類覚え書 (2). 福井虫報, (22): 5-12.
- 佐々治寛之, 1998b. テントウムシの自然史. 251pp. 東京大学出版会, 東京.
- 佐々治寛之・齋藤琢巳, 2001. ムネハラアカクロテントウ(和名新称) *Rhyzobius lophanthae* の日本からの新記録. ねじればね, (93): 13-15.
- Ślipiński, S. A., R. A. B. Leschen, & J. F. Lawrence, 2011. Order Coleoptera Linnaeus, 1758. In: Zhang, Z.-Q. (Ed.). Animal biodiversity: An outline of higher-level classification and survey of taxonomic richness. Zootaxa, 3148: 203-208.
- 末長晴輝・奥島雄一, 2009. 岡山県において幹掃き採集で得られたテントウムシ2種. 甲虫ニュース, (165): 19-20.
- Nakano, S. & H. Katakura, 1999. Morphology and biology of a phytophagous ladybird beetle, *Epilachna pusillanima* (Coleoptera: Coccinellidae) newly recorded on Ishigaki Island, the Ryukyus. Applied entomology and zoology, 34(1): 189-194.
- 堤内雄二, 2005. 珍種ギョウトクテントウを日出生台で採集. 二豊のむし, (42): 16.
- Vandenberg, N. J., 2004. Homonymy in the Coccinellidae (Coleoptera), or something fishy about *Pseudoscymnus* Chapin. Proceedings of the Entomological Society of Washington, 106(2): 483-484.
- 安富和男, 1976. 東京西郊型 *Epilachna* の分布地域と食性について. 昆蟲, 44(1): 111-114.
- 屋富祖昌子・金城政勝・林　正美・小濱継雄・佐々木健志・木村正明・河村　太(編), 2002. 琉球列島産昆虫目録　増補改訂版. 596pp. 沖縄生物学会, 西原.
- 吉田正隆・黒田祐次・田中光治・櫻木大介, 2005. 木村沢の甲虫. 阿波学会紀要, (51): 69-76.
- 吉富博之・松野茂富・酒井雅博, 2012. 松山市産コウチュウ目目録. まつやま自然環境調査会編, 松山市野生動植物目録2012, pp. 105-166. 松山市環境部, 松山.
- 吉富博之・林　成多, 2016. クロジュウニホシテントウを島根県で採集. ホシザキグリーン財団研究報告, (19): 128.

種名索引

アイヌテントウ	31
アカイロテントウ	61
アカヘリテントウ	62
アノハシテントウ	22
アトホシヒメテントウ	68
アマミアカホシテントウ	20
アマミシロホシテントウ	28
アミダテントウ	63
アラキシロホシテントウ	51
アラキヒメテントウ	77
イセテントウ	22
インゲンテントウ	53
ウスキホシテントウ	46
ウンモンテントウ	25
エゾアザミテントウ	56
オオジュウゴホシテントウ	40
オオツカヒメテントウ	72
オオテントウ	50
オオニジュウヤホシテントウ	57
オオフタホシテントウ	35
オキナワフタスジヒメテントウ	67
オシマヒメテントウ	67
オトヒメテントウ	74
オニヒメテントウ	74
カグヤヒメテントウ	75
カサイテントウ	45
カタボシテントウ	35
カメノコテントウ	25
カリプソテントウ	36
カワムラヒメテントウ	75
キイロテントウ	42
キュウシュウフタスジヒメテントウ	66
ギョウトクテントウ	59
クビアカヒメテントウ	72
クモガタテントウ	49
クリサキテントウ	41
クロジュウニホシテントウ	65
クロスジチャイロテントウ	43
クロスジヒメテントウ	77
クロツヤテントウ	18
クロテントウ	83
クロヘリヒメテントウ	73
クロヘリメツブテントウ	81
ケブカメツブテントウ	81
コカメノコテントウ	49
コクロヒメテントウ	76
ココノホシテントウ	31
シコクフタホシヒメテントウ	68
シセンクロテントウ	84
シュイロテントウ	62
ジュウクホシテントウ	26
ジュウサンホシテントウ	42
ジュウシホシテントウ	34
ジュウニマダラテントウ	53
ジュウロクホシテントウ	45
シロジュウゴホシテントウ	29
シロジュウシホシテントウ	28
シロジュウロクホシテントウ	36
シロトホシテントウ	27
シロホシテントウ	51
ズグロツヤテントウ	18
セスジヒメテントウ	70
ダイダイテントウ	62
ダイモンテントウ	32
タイラヒメテントウ	76
ダンダラテントウ	30
チャイロテントウ	43
チュウジョウテントウ	21
ツシマクロヒメテントウ	79
ツシママダラテントウ	52
ツマフタホシテントウ	59
トビイロヒメテントウ	78
トホシテントウ	52
ナガサキクロテントウ	83
ナナホシテントウ	33
ナミテントウ	38
ニジュウヤホシテントウ	57
ニセセスジヒメテントウ	71
ハイイロテントウ	47
ハダニクロヒメテントウ	80
ババヒメテントウ	73
ハラアカクロテントウ	23
ハラグロオオテントウ	26
ハレヤヒメテントウ	71
ヒメアカホシテントウ	21
ヒメカメノコテントウ	48
フタスジヒメテントウ	66
フタホシテントウ	59
フタモンクロテントウ	19
フタモンテントウ	24
ベダリアテントウ	61
ベニヘリテントウ	61
マエフタホシテントウ	47
マクガタテントウ	34
ミカドテントウ	22
ミスジキイロテントウ	20
ミナミマダラテントウ	55
ムーアシロホシテントウ	27
ムツキボシテントウ	46
ムツボシテントウ	82
ムナグロチャイロテントウ	44
ムネアカオオクロテントウ	50
ムネハラアカクロテントウ	23
ムモンチャイロテントウ	44
メツブテントウ	82
モリモトメツブテントウ	82
モンクチビルテントウ	64
ヤホシテントウ	40
ヤマトアザミテントウ	54
ヨツボシテントウ	64
ヨツモンヒメテントウ	70
リュウキュウナガヒメテントウ	69
リュウグウヒメテントウ	69
ルイステントウ	24
ルイヨウマダラテントウ	58